LE CACAOYER

ET

SA CULTURE

PAR

H. LECOMTE ET **C. CHALOT**

Docteur ès sciences
Professeur au lycée Saint-Louis.

Directeur du Jardin d'essai
à Libreville.

PARIS

Georges CARRÉ et C. NAUD, Éditeurs

3, rue racine, 3

1897

LE CACAOYER

ET SA CULTURE

LE
CACAOYER

ET

SA CULTURE

PAR

H. LECOMTE ET **C. CHALOT**

Docteur ès sciences | Directeur du Jardin d'essai
Professeur au lycée Saint-Louis. | à Libreville.

PARIS

GEORGES CARRÉ ET C. NAUD, ÉDITEURS

3, RUE RACINE, 3

1897

LE CACAOYER

ET SA CULTURE

HISTORIQUE

Les Mexicains avaient de bonne heure reconnu et apprécié les propriétés du cacao. Ils l'estimaient plus peut-être que toutes les autres productions naturelles de leur heureux climat et, par une sorte de sentiment de reconnaissance et de justice, lorsqu'ils eurent l'idée de créer une monnaie pour faciliter les échanges commerciaux, ils choisirent pour unité la graine même du cacaoyer.

Suivant Herrera, les seigneurs et les vaillants guerriers avaient seuls le droit d'en faire usage. Les provinces fertiles acquittaient leur tribut à l'empereur en graines de cacao. Herrera dit que Montezuma en avait accumulé dans ses palais des amas considérables; un de ces magasins, découvert par Fernand Cortez au moment de la conquête, en contenait plus de 40 000 *cargas* (1).

(1) Le *cargas* était de 24 000 amandes.

Les Espagnols et les Portugais furent les premiers initiés à l'usage du cacao ; mais pendant longtemps ils firent aux autres nations de l'ancien continent un mystère de cette découverte. Les Espagnols n'expédièrent d'abord en Europe que des pâtes toutes préparées et fort grossières qui ne pouvaient donner une juste idée de la valeur et des propriétés du cacao. Le P. Labat raconte même que les Européens étaient en général si peu instruits des usages de cette substance que les corsaires hollandais, ignorant la valeur des prises qu'ils en faisaient, jetaient de dépit toute cette marchandise à la mer et désignaient le cacao, par dérision, sous le nom de *Cacura de carnero* (crottes de brebis).

Mais l'usage du cacao se répandit rapidement en Espagne et des fabriques de chocolat y furent créées. Un Florentin nommé Antonio Carletti introduisit l'usage de cette substance en Italie ; il pénétra d'Espagne en France avec Anne d'Autriche, fille de Philippe II et épouse de Louis XIII. Vers la fin du XVIIe siècle, les fabriques de chocolat se multiplièrent en France ; mais elles n'utilisaient guère à ce moment que des cacaos de qualité médiocre fournis par nos colonies. C'est seulement quand les fabricants se décidèrent à employer les cacaos de bonne qualité que les chocolats français purent acquérir la réputation qu'ils ont gardée.

I

CARACTÈRES BOTANIQUES

Le genre *Theobroma* L. qui fournit le cacao aj partient à la tribu des Buttnériées-Théobrominées (1) de la famille des Sterculiacées (Engler et Prantl).

Ce genre comprend une douzaine d'espèces actuellement connues et toutes confinées dans l'Amérique tropicale. On l'a subdivisé en plusieurs sections :

SECTION I. — **Herrania** K. Sch.; arbres à grandes feuilles digitées; calice membraneux; lanière des pétales très longue et linéaire, en spirale dans le bouton. Etamines par groupes de trois :

Theobroma Mariæ K. Sch.; bel arbre à fleurs jaunes pourpres, disséminées sur le tronc. Se rencontre à l'embouchure de l'Amazone.

SECTION II. — **Eutheobroma** K. Sch.; arbres à feuilles entières; calice membraneux; lanière des pétales

(1) Le mot *Theobroma* signifie : *Mets des dieux.* La synonymie est la suivante : *Theobroma* L. = *Cacao* Tournef. = *Abroma* Mart. = *Herrania* Gaud. = *Lightia* Schomb. = *Brotobroma* Karst. = *Bubroma* W.

élargie et deux ou trois fois plus longue seulement que la partie renflée, repliée dans le bouton; étamines par paires.

Theobroma cacao L.; c'est l'espèce la plus communément cultivée et dont nous parlerons longuement plus loin.

Theobroma bicolor (¹) Humb. et Bonpl.; reconnaissable à ses inflorescences bien fournies et régulières. Fruit ovoïde long de 0ᵐ.16 à 0ᵐ,22, offrant extérieurement 10 côtes peu marquées. La partie ligneuse du péricarpe est particulièrement épaisse. Cette espèce paraît originaire de la Colombie et du Rio-Negro.

SECTION III. — **Bubroma**; arbres à feuilles entières; calice coriace; lanière des pétales cunéiforme, dressée dans le bouton. Étamines réunies par trois.

Theobroma angustifolium Moc. et Sess. Comprend probablement le Soconusco.

Th. ovatifolium Moc. et Sess. Cacao de Esmeraldas.

Th. grandiflorum K. Sch.; originaire de l'Amazone.

D'autre part, si on se reporte à la classification établie par Bernoulli, on trouve mentionnées un certain nombre d'espèces qui ne sont peut-être que des formes spéciales du *Theobroma cacao* L. et qui diffèrent principalement les unes des autres par les dimen-

---

(1) Cette espèce a été découverte par de Humboldt et Bompland dans la province de Choco. Elle croît, d'après ces deux voyageurs, dans les vallées chaudes et forme à elle seule des forêts entières. On la cultive à Carthago, au pied des Andes de Quindin, dans la belle vallée de Canca. Les graines ne fournissent pas un cacao très agréable; mais on les mélange avec celles du *Th. cacao* L. La capsule, d'une consistance ligneuse, sert à faire des tasses, des gobelets et autres objets de même nature.

sions et la forme du fruit. Nous citerons particulièrement :

> *Theobroma sylvestris* Aubl., qui a des fruits un peu atténués
> en poire du côté du pédoncule et couverts d'un duvet
> roussâtre.
> *Th. Guianensis* Aubl., à fruit ovoïde, arrondi, couvert d'un
> poil ras et pourvu de cinq arêtes saillantes.
> *Th. leiocarpa* Bernoulli, qui a les fruits plus petits que
> ceux du *Th. cacao* L. et les fleurs aussi plus exiguës ; cette
> espèce est cultivée dans le Guatemala sous le nom de cuma-
> caco.
> *Th. pentagona* Bernoulli, cultivé dans le Guatemala sous
> le nom de *Cacao Lagarto*, possède des fleurs près de deux
> fois plus petites que celles du *Th. cacao* L., et fournit un
> fruit pentagonal à arêtes vives et à faces couvertes de gros
> tubercules irréguliers.
> Enfin *Th. Salzmanniana* Bernoulli, ne paraît pas différer
> de *Th. ovatifolium* Moc. et Sess., lequel se confond peut-
> être lui-même avec *Th. incanum* Mart.

D'ailleurs, comme il arrive pour tous les autres
arbres fruitiers, la nature du sol, le mode de culture
et un grand nombre d'autres circonstances ont modifié
peu à peu et dans une certaine mesure les caractères
originels des espèces en donnant naissance à une
multitude de variétés.

C'est le *Theobroma cacao* L. qui est de beaucoup
l'espèce la plus répandue et c'est par conséquent celle
que nous choisirons pour type dans la description qui
va suivre.

Le *Theobroma cacao* L. ou cacaoyer est un petit
arbre ramifié, haut de 4 à 10 mètres, à racine pivo-

tante. Les rameaux et les pétioles jeunes sont recouverts de poils tomenteux brunâtres. Les feuilles sim-

Fig. 1. — Jeune cacaoyer.

ples, alternes, longues de $0^m,20$ à $0^m,30$ sur $0^m,07$ à $0^m,10$ de largeur, sont pourvues de deux stipules ; le pétiole est court ; le limbe est entier, un peu ondulé sur les bords, obovale-oblong, acuminé, penninervié. Les nervures sont velues au-dessous du limbe ; celui-ci, qui est glabre dans le reste de son étendue, est aussi un peu blanchâtre en dessous.

Les fleurs, qui rappellent un peu celles du Lyciet jasminoïde, sont disposées en petites cimes dichotomes et portées par des pédoncules uniflores ou triflores, allongés, couverts de poils glanduleux, arti-

Fig. 2. — Fleur complète de cacaoyer (3/1) et pétale séparé (4/1).

culés au-dessus de la base. Les inflorescences sont situées à l'aisselle des feuilles ; on les rencontre le plus souvent sur le tronc et les branches âgées, à l'aisselle de feuilles tombées depuis longtemps.

Le réceptacle de la fleur est convexe et peu développé. Le calice, gamosépale, est formé de cinq sépales réunis seulement à la base, lancéolés et légèrement ciliés sur les bords. La corolle comprend cinq pétales libres, alternes avec les sépales, tordus dans la préfloraison et d'une couleur blanche teintée de rose. Chacun de ces pétales présente une partie inférieure dilatée (fig. 2), avec trois nervures dont les deux latérales sont un peu épaissies à la base. A cette portion inférieure fait suite une région courte et étroite terminée elle-même par une lame aplatie en forme de spatule.

L'androcée est formée d'étamines fertiles et de staminodes unis en une sorte de tube ou urcéole qui entoure l'ovaire. Les staminodes se présentent sous la forme de languettes linéaires et velues alternes avec les étamines fertiles et naissent avec ces dernières sur le bord supérieur du tube formé par l'androcée.

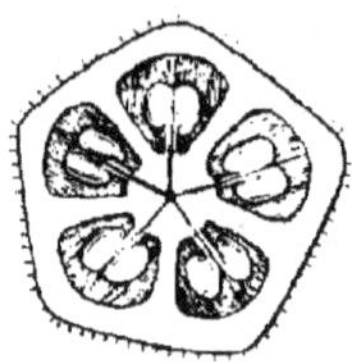

Fig. 5. — Section transversale de l'ovaire (10).

Les filets des étamines fertiles sont opposés aux pétales, glabres, dressés et terminés par une paire d'anthères biloculaires, un peu déjetées sur le côté et déhiscentes par deux fentes longitudinales situées en dehors.

Le pistil comprend un ovaire supère, pentagonal, à cinq loges, celles-ci étant superposées aux pétales. Chacune de ces loges contient 10 à 12 ovules anatropes insérés dans l'angle interne de chaque loge sur deux rangées longitudinales. Cet ovaire est surmonté d'un style quinquéfide au sommet. Des poils glanduleux couvrent l'ovaire et la partie inférieure du style.

Le fruit, désigné communément sous le nom de *cabosse*, est une sorte de baie à enveloppe résistante dont la forme, variable suivant les espèces, se rapproche souvent de l'ovale-oblong. Ce fruit est marqué dans sa longueur de dix sillons alternant avec autant de côtes couvertes de tubérosités et de tubercules irréguliers. Le péricarpe est assez dur à la surface;

Fig. 4. — Cabosse de cacao, ouverte pour montrer les graines (1/2).

mais à l'intérieur on trouve une pulpe molle dans laquelle sont nichées les graines.

Sur le même arbre on voit en même temps des boutons, des fleurs épanouies et des fruits mûrs. Beaucoup de fleurs se flétrissent sans donner de fruit et on en trouve toujours un grand nombre de tombées sous les plants de cacaoyers. Lorsque les fruits mûrissent, ils se revêtent, à la surface du moins, d'une teinte jaunâtre souvent mêlée de rouge.

Pour découvrir les graines on est obligé de briser l'enveloppe extérieure de la cabosse; à l'intérieur on trouve alors une pulpe rosée, gélatineuse, fondante. d'une agréable acidité, constituant un précieux rafraîchissement dans les pays où croît le cacaoyer. C'est par cette pulpe que se trouvent enveloppées les graines. Celles-ci présentent une forme irrégulièrement ovoïde; lorsqu'elles sont mûres, la pellicule qui

Fig. 5. — Graine de cacaoyer avec et sans son tégument.

les recouvre a une couleur rouge vif tandis que l'amande contenue à l'intérieur est d'un rouge sombre. Cette amande se compose d'un gros embryon à radicule conique et à cotylédons épais, charnus, repliés sur eux-mêmes et logeant dans leurs replis une petite quantité d'un albumen réduit à une membrane mince, blanche et lustrée qui, parfois, fait complètement défaut.

Quelle que soit la forme de la graine, suivant les espèces considérées, la grosse extrémité est toujours un peu aplatie et offre une légère dépression qui correspond au hile (point d'attache). De ce point naît un raphé qui s'étend suivant le bord le plus long jusqu'à la petite extrémité de la graine.

II

LES CACAOYÈRES NATURELLES

Des cacaoyères naturelles ont été rencontrées par
les voyageurs en plusieurs régions d'Amérique ; mais
ces cacaoyères ne sont pas régulièrement exploi-
tables parce que les arbres y sont très disséminés et
que d'ailleurs la plupart d'entre eux sont étouffés par
le reste de la végétation. Des essais d'exploitation de
ces cacaoyères naturelles entrepris à Rio Hacha par
un Français n'ont pas donné de bons résultats ; mais
du moins peut-on en tirer cette conclusion légitime
que les plantations auraient toutes chances de prospérer dans les endroits où les cacaoyers se propagent
naturellement. M. de Brettes a rencontré de ces
cacaoyères naturelles sur les versants ouest et nord
de la Sierra-Nevada de Santa-Martha (Colombie).
Celles de la Guyane sont connues depuis plus d'un
siècle et demi. En 1729, le sergent La Haye, envoyé
par le gouverneur d'Orvilliers à la recherche du
fameux lac Parime, rencontra dans le haut Camopi
une « forêt de dix lieues environ d'étendue, presque

toute de cacaoyers », arrosée par les ruisseaux qui se jettent en partie dans le Compari, affluent de gauche du Yari, en partie dans le Maroni. Dès 1730, des soldats trouvèrent une autre forêt de cacaoyers plus en aval sur l'Oyapock, peut-être sous le confluent de l'Yingari ou du Camopi. Une carte de la Guyane, dressée par les Jésuites en 1741, figure une forêt de cacaoyers dans la région supérieure de l'Oyapock. Dans son *Histoire de l'Orénoque*, le Père Gumilla s'exprime de la façon suivante : « Je ne doute pas qu'il n'en soit des terrains de l'Orénoque comme des plaines qu'arrose l'Apure, la Tane et quelques autres rivières qui vont s'y rendre, leur climat et la qualité du terrain étant les mêmes tous les deux. J'ai vu dans ces plaines des forêts de cacaoyers sauvages, chargés de cosses remplies de fèves, qui servent de nourriture à une multitude infinie de singes, d'écureuils, de perroquets, de guacamayas et autres animaux semblables. Si ce terrain produit de lui-même le cacao, que serait-ce s'il était cultivé? »

III

CHOIX DU TERRAIN

Il n'y a pas de règle absolue en ce qui concerne la nature générale des terrains qui conviennent à la culture du cacaoyer. La racine du cacaoyer étant pivotante, on conçoit facilement qu'il soit nécessaire de choisir un sol profond, ce dont on pourra s'assurer par des sondages préalables. Le pivot s'enfonçant souvent à plus d'un mètre a besoin d'une forte épaisseur de terre ; s'il se trouve arrêté par des rochers ou des pierres, il se recourbe ou pourrit, ce qui entraîne rapidement la destruction de l'arbre. Dans les sols fortement inclinés la racine glisse sur le sous-sol ; le sol peut donc, dans ces conditions, présenter moins de profondeur.

Il convient, en outre, d'accorder la préférence à un sol argilo-siliceux ; si la terre était légère, elle se laisserait trop facilement raviner au moment des grandes pluies ; d'autre part, le cacaoyer ne croît pas bien dans un sol argileux compact. Le meilleur cacao du Venezuela est produit dans la région qui s'étend de Barquisimeto à Caracas. Le sous-sol y est constitué par des alluvions très récentes qui recouvrent des gneiss et des micaschistes. Au-dessus se trouve une épaisse couche d'humus.

Avant d'entreprendre une plantation quelconque, il serait toujours désirable de faire effectuer une analyse chimique de la terre prélevée à la surface et à une certaine profondeur ; c'est le seul moyen d'éviter des mécomptes.

En ce qui concerne particulièrement le cacaoyer, l'analyse des fruits et des graines montre nettement que la potasse et l'acide phosphorique s'y trouvent en notable proportion et que le sol doit par conséquent les contenir. D'après M. Boname, il faut 8130 kilogrammes de fruits tels qu'ils sont récoltés pour produire une tonne de cacao marchand. Or l'analyse chimique donne les résultats suivants pour une semblable récolte :

	AMANDES	GOUSSES	FRUITS ENTIERS
	Kg.	Kg.	Kg.
Acide phosphorique.	6.348	2.794	9.142
— sulfurique	1.080	3.111	4.191
Chlore.	0.085	0.366	0.451
Chaux.	0.934	4.166	5.100
Magnésie	3.118	5.087	8.205
Potasse	9.697	47.842	57.539
A reporter.	21.262	63.366	84.268

	AMANDES	GOUSSES	FRUITS ENTIERS
	Kg.	Kg.	Kg.
Report.	21,262	63,366	84,628
Soude	0,307	4,240	4,547
Oxyde de fer.	0,073	0,140	0,213
Silice	Traces.	0,403	0,403
Acide carbonique	2,718	16,691	22,409
Matières minérales totales.	24,360	87,840	112,200

Chaque tonne de cacao marchand récolté prélève
donc dans le sol 112^{kg},200 de matières minérales
dont 57^{kg},500 de potasse. Un sol préparé en forêt par
le procédé habituel des pays tropicaux, c'est-à-dire
en brûlant les arbres abattus pourra donc, grâce aux
cendres, fournir les premières années une récolte
suffisante qui fera naître de belles espérances pour
l'avenir; mais si la provision de potasse est simplement fournie par les cendres, elle se trouvera rapidement épuisée et les espérances des premières années
ne se justifieront pas.

Bien que le cacaoyer se trouve surtout fort bien
d'être cultivé dans les terres vierges, il n'est pas toujours possible de se conformer à cette condition.
Dans tous les cas, le sol doit être, au moins au début,
assez riche en azote pour permettre l'accroissement
rapide de la plante.

PROVENANCES	HUMIDITÉ	PERTE AU ROUGE	AZOTE	ACIDE PHOSPHORIQUE	ACIDE SULFURIQUE	CHAUX	MAGNÉSIE	POTASSE	SOUDE	ALUMINE et oxyde de fer	RÉSIDU INSOLUBLE et matières non dosées
Guadeloupe (Boname) :											
Nº 1 (Grande-Terre) . .	17,410	12,630	»	0,128	0,128	0,691	0,788	0,032	0,111	6,100	61.636
Nº 2 (Ile Saint-Martin) . .	7.110	7,520	»	0,121	0,061	0,173	0,328	0,111	»	11,316	73.257
Réunion :											
Nº 1	»	22,30	0,30	0,1	»	0,35	0,04	0,58	»	40,18	35.91
Nº 2	»	17,91	0,21	0,01	»	1,06	3,03	0,53	»	21,70	55.52
Martinique (Rouf)	»	»	0,211	0,243	»	1,295	0,150	0,111	»	12,831	»
Congo (Ile aux Perroquets).	»	»	0,221	0,272	0,051	0,291	0,115	0,095	Traces	»	»

Les guillemets indiquent les dosages qui manquent.

Dans le tableau ci-contre nous avons résumé la composition chimique d'un certain nombre de sols de diverses provenances où le cacaoyer paraît prospérer dans de bonnes conditions.

Quant à l'altitude des terrains propres à une plantation, elle est très variable. Le professeur Marcano de Caracas estime à 545 mètres l'altitude maxima des cultures de cacaoyer au Venezuela. Le Dr Morris dit que pour avoir un beau produit, il ne faudrait pas cultiver le cacaoyer à des altitudes supérieures à 3oo mètres. Il existe cependant à l'île de San-Thomé de fort belles plantations jusqu'à 8oo mètres d'altitude. Il suffit que la température soit assez élevée et que la plantation soit bien abritée surtout contre les brises de mer.

Une plantation ne peut être entreprise sur le versant d'un coteau que si le sol est argileux, car avec un sol meuble on aurait à craindre, lors des grandes pluies, des ravinements qui mettraient à nu les racines des arbres.

Enfin, la plantation doit se trouver à proximité d'un cours d'eau afin de rendre possibles les irrigations.

IV

CONDITIONS CLIMATÉRIQUES

Il n'est pas facile de préciser les conditions climatériques nécessaires à la culture du cacaoyer.

« Le *Theobroma cacao*, disent de Humboldt et Bompland, exige une atmosphère humide, un ciel souvent nuageux et une température moyenne de 29° à 23°, jamais au-dessous. »

Boussingault, à son tour (*Comptes rendus Académie des Sciences*, 31 octobre 1836), s'exprime de la façon suivante : « Avant tout, il faut, pour la réussite du cacaoyer, de la chaleur, de l'ombre et de l'humidité. Aussi fait-on généralement choix d'un terrain vierge, sur les bords d'une rivière, pour avoir une irrigation suffisante. »

« La culture du cacaoyer ne réussit que dans les lieux où la température moyenne est de 24° à 27°. Elle est dans le plus grand état de prospérité sur les côtes de l'Océan, là où la température moyenne s'élève à 27°5. »

M. Boussingault recommande, pour avoir la tem-

pérature moyenne d'une localité où on se propose
d'établir une plantation, de laisser séjourner un thermomètre à 0^m,50 ou 0^m,60 de profondeur dans le sol.
On peut être à peu près certain, d'après lui, que si
le thermomètre descend au-dessous de 24°, le cacaoyer ne peut prospérer.

Si on consulte une carte de l'Amérique, on remar-
quera d'ailleurs que la véritable patrie du cacaoyer se
trouve comprise dans les limites de l'isotherme de 26°
qui forme une courbe fermée passant par Quito,
Pernambuco, le nord de Cayenne, le nord de Saint-
Thomas, la Havane, Mexico, Acapulco et Panama.
On le trouve encore, il est vrai, plus au nord et plus
au Sud ; mais il n'y fournit plus un produit d'aussi
bonne qualité.

D'après les renseignements que nous avons pu
recueillir au Bureau central météorologique, les tem-
pératures moyennes sont les suivantes dans un certain nombre de régions où le cacaoyer est cultivé
dans de bonnes conditions :

	Temp. moyenne.
Belize, Honduras (1888 à 1895)	26°.3
Martinique (1891 et 1892)	26°.8
Para (1891)	27°.1
West-Java (1889 et 1890)	25°.9

Naturellement, il n'est pas nécessaire que la température soit à peu près uniforme ; le cacaoyer prospère très bien dans quelques régions où la température moyenne de certains mois compris dans la
saison sèche descend au-dessous de 20°. Il faut sur-

tout 'considérer la moyenne de l'année. En résumé,
nous pensons que si cette moyenne oscille entre 25°
et 28°, le cacaoyer se trouve dans de bonnes conditions.

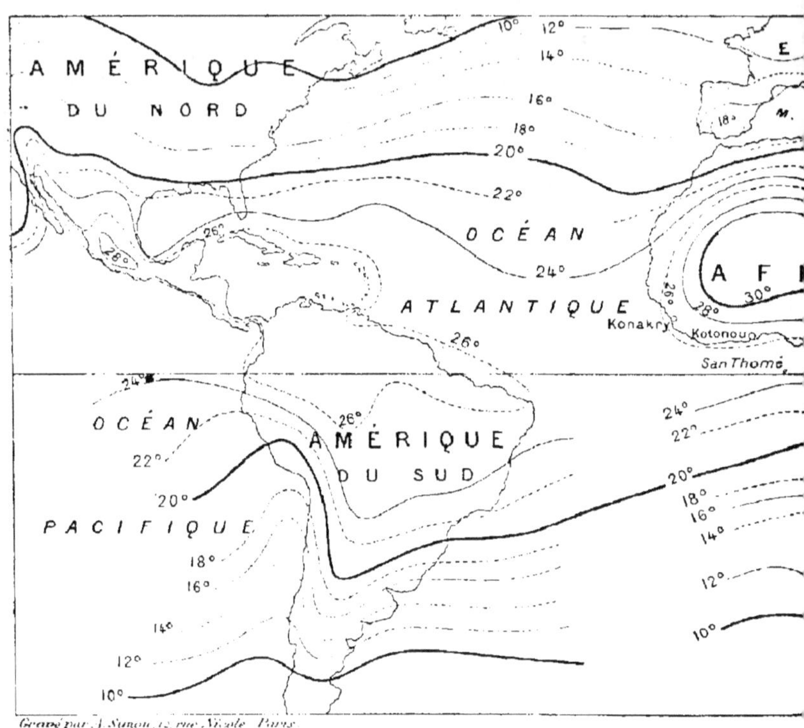

Gravé par J. Sunou, 12 rue Nicole. Paris.

A un autre point de vue, celui du régime des pluies,
il n'est pas possible non plus d'établir une règle
absolue. Le tableau ci-après emprunté aux docu-
ments réunis par le Bureau central météorologique

de France présente les quantités de pluies mensuelles et annuelles tombées dans certaines régions où le cacaoyer paraît prospérer.

Dans les régions où prospère le cacaoyer, les

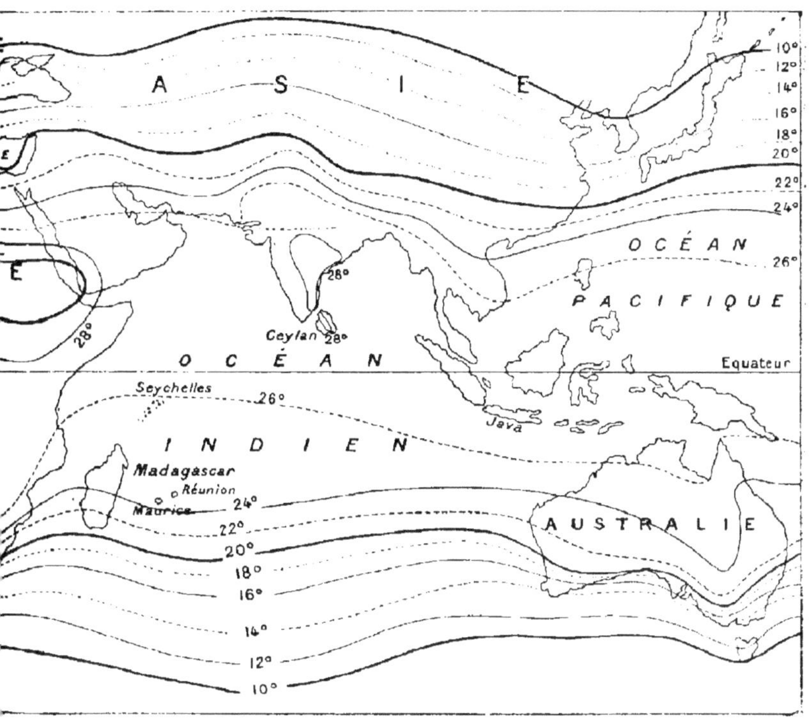

chutes de pluies annuelles atteignent donc en général plus de 2 000 millimètres. Mais il faut surtout faire intervenir une autre considération, celle de la continuité de ces chutes de pluie. Ainsi les quan

STATIONS ET ANNÉES ou périodes	JANVIER	FÉVRIER	MARS	AVRIL	MAI	JUIN	JUILLET	AOÛT	SEPTEMBRE	OCTOBRE	NOVEMBRE	DÉCEMBRE	TOTAL ou moyenne de l'année
	mm.	mm.	mm.	mm.	mm.	mm.	mm.	mm.	mm.	mm.	mm.	mm.	mm.
Belize (Honduras), 1888-1895	130	66	40	38	104	230	244	217	240	279	258	161	2 007
Para, 1894	248	49	396	485	266	152	30	56	61	147	58	149	2 089
West-Java, 1895	320	227	181	144	61	113	33	127	54	93	247	303	1 933
Martinique :													
Fort-de-France, 1891	63	102	33	30	96	150	362	311	91	226	295	163	1 922
Id. 1892	108	122	116	107	346	24	227	173	274	286	171	109	2 444
Guadeloupe :													
Pointe-à-Pitre, 1891-1892	125	84	52	82	139	142	145	118	230	173	245	85	1 620
Camp-Jacob, 1891-1892	254	145	296	166	346	365	361	280	430	384	298	138	3 483
Cubilguitz (Guatémala), 1892	169	319	206	73	181	215	579	398	418	718	114	532	3 919
Ceylan (Henaratgoda), 4 années	83	114	140	284	200	355	77	60	76	437	388	113	2 317

tités mensuelles peuvent descendre à 30 millimètres ; mais la sécheresse n'est pas continue : c'est là un fait important à retenir. Le cacaoyer peut croître, en effet, dans les régions où existent des périodes de sécheresse de un à deux mois ; mais la production en souffre, sinon la qualité. Ainsi, les feuilles tombent pendant ces périodes prolongées de sécheresse et par conséquent les fleurs tombent aussi ; les fruits déjà formés souffrent naturellement de ce dépérissement momentané des arbres.

Nous reviendrons plus loin sur les conditions climatériques de nos principales colonies et sur les raisons qui nous les font considérer comme propres ou impropres à la culture du cacaoyer ; mais dès ce moment, nous tenons essentiellement à faire retenir les conséquences des observations que nous venons de mettre sous les yeux du lecteur et qui ont été puisées aux meilleures sources. Il nous paraît absolument certain que deux conditions essentielles doivent être réalisées dans les pays où les colons peuvent, avec certaines chances de succès, tenter la culture du cacaoyer : il faut une température moyenne de 25 à 27° environ, et, de plus, la sécheresse ne doit pas être trop prolongée.

Il n'est pas possible, d'ailleurs, d'indiquer d'une façon formelle les conditions climatériques d'une région étendue, car les chutes de pluie sont singulièrement modifiées par la proximité de la mer ou des cours d'eau, par l'altitude du lieu considéré, par l'extension des forêts, par le régime des vents et par d'autres facteurs moins importants. Il appartient à chaque colon de faire lui-même les recherches nécessaires avant d'entreprendre une grande plantation. Nous ne pouvons trop déplorer la précipitation fâcheuse qu'on apporte souvent à ces sortes de choses. Avant de créer une plantation de cacaoyers ou de caféiers ou de toute autre plante industrielle dans les régions tropicales, il n'est pas seulement nécessaire de s'assurer de la nature du sol ; il faut encore recueillir les observations pluviométriques et thermométriques d'une année au moins afin de se placer dans les meilleures conditions possibles de réussite.

PRÉPARATION DU TERRAIN

Si le terrain destiné à la plantation est une forêt, comme il arrive le plus souvent, il faut commencer par la défricher, mais sur une surface notablement plus grande que celle qu'on destine à la plantation ; en effet, le voisinage immédiat de la forêt favoriserait l'introduction de nombreux insectes nuisibles, et en particulier des fourmis, dans la plantation. On pourra, de place en place, réserver un rideau d'arbres perpendiculairement à la direction des principaux vents régnants ; mais, dans ce cas, il sera utile de ne laisser que les plus grands et de débarrasser le sol, au-dessous, de toute la végétation qui pourrait s'y développer.

Après avoir procédé à l'abatage des arbres et à l'incinération de tout le bois qui ne peut être plus utilement employé, on bêche le sol à une bonne profondeur et on l'égalise. On peut, dès ce moment, jalonner le terrain pour indiquer les points où seront placés les plants, car il sera utile de fouiller le sol jusqu'à une certaine profondeur dans ces points pour s'assurer qu'il n'y existe pas de rochers ou de cailloux pouvant gêner la croissance de la racine. Si le terrain choisi a déjà été occupé par une autre culture, cette dernière précaution ne sera pas moins nécessaire.

C'est naturellement avant de procéder aux semis qu'il est utile d'entreprendre, si c'est nécessaire, les travaux de drainage. Il ne suffit pas de provoquer l'évacuation des eaux pluviales qui circulent ou qui séjournent à la surface du sol; il faut encore empêcher celui-ci d'en retenir une trop grande quantité : on ne peut y arriver que par le drainage.

Pour éviter le ruissellement des eaux de pluie qui provoquerait le ravinement du sol, il suffit de creuser de place en place des fossés d'écoulement dont la disposition variera avec le relief du sol.

Le drainage peut se faire par tranchées ouvertes ou par conduites souterraines. Il n'est pas toujours facile, dans les colonies, de se procurer les tuyaux nécessaires pour cette dernière installation, et on est le plus souvent obligé de se contenter des tranchées ouvertes; celles-ci doivent être autant que possible à bords inclinés pour éviter les ravinements; elles doivent être disposées, en outre, de façon à empêcher le moins possible la circulation; enfin, il convient de les diriger obliquement sur des canaux principaux qui servent de collecteurs et qui suivent la ligne de plus grande pente du terrain. La profondeur de ces canaux devra être évidemment d'autant plus grande que le sol de la plantation sera moins incliné.

VI

CHOIX DES GRAINES

Le cacaoyer peut se multiplier par boutures ;
mais on emploie ordinairement le semis, bien préférable à tous égards. Il est de la plus haute importance d'apporter la plus grande attention dans la
sélection des graines destinées aux semis. Cette
sélection doit être envisagée à deux points de vue.
D'abord, il convient de choisir l'espèce ou la variété
qui convient le mieux au sol et au climat ou qui
fournit le produit le plus estimé et le plus abondant.
Le planteur devra se renseigner dans le pays et
porter son choix sur la variété que l'usage a fait
considérer comme la plus avantageuse. Il convient en
outre, quand on a fixé la variété dont on veut peupler
la plantation, de faire choix des graines les mieux
formées pour assurer aux semis les plus grandes
chances de succès. Les graines ne conservant que
peu de temps leur faculté germinative, quelques
semaines avant de procéder aux semis on choisit les
fruits les plus beaux, on les ouvre avec précaution pour

ne pas endommager les graines ; enfin, on fait sécher celles-ci avec précaution, en ayant soin de rejeter toutes celles qui n'ont pas une forme bien caractérisée. De cette opération dépend en grande partie la valeur qu'aura plus tard le produit de la cacaoyère : le planteur doit donc y donner tous ses soins.

VII

SEMIS

Les semis peuvent se faire en place ou en pépinière :

Semis en place.— Après avoir, au préalable, donné
de bonnes façons au terrain, on jalonne les endroits
où doivent se trouver les cacaoyers. A chaque point
indiqué on place trois graines aux sommets d'un
triangle et à $0^{m},10$ ou $0^{m},12$ les unes des autres ; on
les recouvre ensuite de quelques centimètres de
terre. On a soin de placer en bas le gros bout des
graines par lequel elles se trouvaient attachées dans
le fruit. On jonche ensuite la terre de feuilles de bananiers ou d'herbes pour éviter d'une part la dessiccation de la surface du sol sous l'influence du soleil
et d'autre part pour éviter que les graines soient
entraînées par les fortes pluies. Si les trois graines
fournissent trois plants, on en arrachera deux les
moins forts, qui pourront d'ailleurs être utilisés pour
des remplacements en d'autres points de la plantation ; mais sous aucun prétexte on ne doit laisser

plusieurs plants l'un près de l'autre, car ils se gênent et ne produisent que des arbres mal formés.

Certains planteurs ne sèment qu'une graine au lieu de trois et remplacent plus tard les plants qui ne se développent pas. C'est là un mode d'opérer peu suivi.

Semis en pépinière. — Les semis en pépinière peuvent être faits en pleine terre, en caisses ou en paniers. On prépare de petits paniers en lianes, qu'on remplit de terreau, on y enfonce une graine à 2 ou 3 centimètres de profondeur et on place le panier à l'ombre. Quand le plant a développé quatre ou six feuilles on le met en place avec le panier; ce dernier, qui est enterré dans le sol, pourrit au bout de quelque temps et permet au cacaoyer d'étendre librement ses racines. Certains planteurs ne sont pas partisans de cette méthode et font observer que le panier gêne pendant quelque temps le développement des racines : il vaudrait mieux, croyons-nous, supprimer le panier au moment de la mise en terre. Cette méthode présente cependant quelque avantage, surtout quand on ne dispose que d'ouvriers peu soigneux, comme c'est le cas pour certaines de nos colonies, et qui s'acquitteraient fort mal du transport en mottes.

On peut aussi semer les graines de cacao dans de petites caisses de $0^m,40$ à $0^m,50$ de côté, préalablement percées de trous sur lesquels on place des tessons ou des petites pierres pour permettre l'écoulement de l'eau.

Ces caisses sont remplies ensuite, jusqu'à 2 ou 3 centimètres des bords, de terreau mélangé à de la terre légèrement argileuse pour qu'au moment de la plantation, on puisse au moyen de l'outil appelé *houlette* conserver une motte qui facilitera beaucoup la reprise des jeunes plants. Ce moyen employé par un certain nombre de colons donne d'excellents résultats. Il va sans dire que les caisses doivent être tenues à l'ombre.

Le semis en véritables pépinières est le plus en usage. Pour cela on prépare, à proximité des maisons d'habitation pour rendre plus facile la surveillance et autant que possible près d'un cours d'eau pour permettre les arrosages, des planches surélevées, larges de 1ᵐ,5o, longues de 4 à 5 mètres, séparées par des sentiers de 0ᵐ,5o de largeur et couvertes d'une toiture ou abri en feuilles de palmiers. A 15 centimètres des bords de la planche on trace une ligne au moyen d'un cordeau; ensuite une autre à 0ᵐ,3o de la première et plusieurs autres à la même distance et de la même façon. On n'a plus qu'à enfoncer les graines fraîches en terre, la partie large en bas. Il est bon de les placer à 0ᵐ,25 d'écartement, sur les lignes et en quinconce. Pour mettre les graines autant que possible à l'abri des insectes on les dépouille, par un lavage à l'eau, de la pulpe sucrée qui les entoure.

Le semis en pépinière, soit en caisses ou en paniers, soit en pleine terre, nous paraît préférable au semis en place. Dans le cas des semis en place on ne peut en effet surveiller aussi attentivement chaque graine, les insectes envahissent la plantation, les herbes étouffent les jeunes plants et les ouvriers eux-mêmes sont exposés à arracher les cacaoyers en sarclant le sol.

A part le semis en place qui aura lieu au commencement de la saison pluvieuse les autres devront être faits deux ou trois mois avant l'approche des premières pluies, de façon que les jeunes cacaoyers puissent être plantés à la reprise de la végétation qui se manifeste, dans les pays tropicaux, dès le retour des pluies.

VIII

MISE EN PLACE DES PLANTS

Après deux ou trois mois de pépinière les plants auront acquis une taille suffisante pour être mis en pleine terre. Avant de procéder à cette opération il est absolument nécessaire d'indiquer par des jalons l'emplacement des plants. Il n'y a rien d'absolu au point de vue de la distance à réserver entre les cacaoyers ; cependant on peut dire que dans les terres riches la distance peut être portée à 4 ou 5 mètres, tandis que dans les terres relativement pauvres on pourra réduire cette distance à 3 mètres, en raison du peu de développement que les arbres sont appelés à prendre.

Il est très utile de planter les cacaoyers en lignes régulières ; on y trouvera avantage au point de vue de la surveillance des travaux et la cueillette des fruits sera facilitée, car on pourra parcourir les allées et voir d'un coup d'œil les fruits à récolter sans être exposé à oublier quelques arbres. En outre, il sera avantageux de disposer les arbres en quinconce. Si le terrain présente une pente notable, il ne serait pas prudent en effet de placer les arbres en lignes continues suivant la plus grande pente, car l'eau de ruissellement suivrait naturellement ces lignes et mettrait à nu les racines des arbres.

Les trous devront être creusés longtemps à l'avance et plus grands que la longueur des racines ne semble l'exiger. Sans fixer de mesure nous dirons que plus ces trous seront grands et profonds mieux les cacaoyers se comporteront. Lors de la plantation il faut avoir soin de mettre dans le fond du trou la terre qui était à la surface et inversement. Pour faciliter la reprise des plants il sera bon de choisir pour effectuer cette opération un temps couvert ou pluvieux.

Il est arrivé que des planteurs ayant affaire à des terrains peu profonds se sont demandé si on pouvait, sans crainte pour l'avenir, couper le pivot du cacaoyer avant de le planter. Autant que possible il faut éviter ces terrains si le sous-sol est pierreux ou si on trouve à une faible profondeur une couche imperméable et épaisse d'argile. Cependant si pour une cause quelconque on voulait utiliser des terrains de cette nature nous pensons qu'il ne faudrait pas hésiter à retrancher l'extrémité du pivot avant la mise en place afin de forcer les racines latérales à se développer. L'expérience a prouvé qu'au Mexique, et notamment dans la province de Tabasco, les plantes ne souffraient nullement de cette opération et qu'au contraire celles qui ne l'avaient pas subie restaient chétives et malingres pendant longtemps pour finir par périr lorsque leur racine principale avait atteint le sous-sol pierreux.

IX

ABRIS ET BORDURES

Le cacaoyer a besoin d'ombre aussi bien pendant sa croissance qu'au moment où il devient adulte. Il est donc nécessaire de lui assurer des abris provisoires pour la première période et des abris définitifs pour la seconde.

Abris provisoires. — Quelque temps avant de procéder à la plantation de cacaoyers et après avoir marqué par des jalons l'emplacement qui sera occupé par chaque arbre, on plantera, dans les intervalles, des bananiers destinés à constituer un abri provisoire et de façon que chaque plant soit suffisamment protégé au moment de la mise en terre. C'est là en quelque sorte la condition *sine qua non* du succès, car il faut bien se persuader que le cacaoyer est un arbre très délicat, surtout dans son jeune âge, et qu'il ne viendra bien qu'à la condition d'être garanti du soleil. Au bout de cinq ou six ans, les bananiers seront coupés et arrachés, puis laissés sur le sol autour des cacaoyers. Comme ils constituent un engrais éminemment potassique, ils restitueront au sol une partie de la potasse prélevée par les récoltes successives de cacao. En effet, d'après les analyses de M. Boname (*loc. cit.*, p. 273), les cendres obtenues en incinérant un mélange de feuilles et de tiges de bananiers contiennent 28,86 p. 100 de potasse.

Les bananiers destinés à servir d'abris provisoires pourront être plantés à environ 2 mètres les uns des autres.

Abris permanents. — Quand la plantation est établie sur le sol d'une forêt, qu'on a défrichée au préalable, les planteurs laissent quelquefois debout un certain nombre de grands arbres destinés à devenir des abris permanents. Malheureusement ils offrent trop de prise aux vents violents et leur chute menacerait de détruire les cacaoyers dont ils devraient être les protecteurs. Il est préférable de planter spécialement dans ce but, et en même temps que les bananiers, des arbres n'atteignant pas une grande hauteur. A la Martinique, à la Guadeloupe et à Sainte-Lucie on utilise l'angelin (1), l'immortelle (2) et l'acajou (3) ; à Grenade, les muscadiers (4) ont la pré-

(1) *Andira inermis* Kth., de la famille des Papilionacées, arbre de 10 à 15 mètres.

(2) *Erythrina umbrosa*, de la même famille que le précédent ; a l'inconvénient de se couvrir de parasites végétaux qui passent plus tard sur les cacaoyers.

(3) *Cedrela odorata* L., de la famille des Méliacées ; cet arbre atteint d'assez grandes dimensions.

(4) *Myristica*, de la famille des Myristicacées : fournit les muscades et le macis.

férence. Au Vénézuela les abris sont constitués par diverses variétés d'érythrines et par des Ingas, qui appartiennent à la famille des Légumineuses. On peut aussi employer le bois noir (1), le sablier (2), l'arbre à pain (3), etc. A Ceylan, on utilise à cet effet le *Manihot Glaziovii*, qui présente l'avantage de fournir du caoutchouc.

Lisières. — Quand la plantation n'est pas suffisamment abritée contre les grands vents, il est bon d'établir en outre, de 100 mètres en 100 mètres par exemple, des lisières dirigées perpendiculairement à la direction des vents régnants. A la Guadeloupe, à la Martinique et à Sainte-Lucie, on emploie surtout pour cet usage le rocouyer (4), le pois doux (5) et le galba (6); à Grenade, les lisières sont constituées souvent par le cardomomum. On conseille de planter des corrossols (7), des organes, l'immortelle et même le bambou. Il sera toujours possible de doubler ces bordures de quelques rangs de bananiers.

(1) *Albizzia Lebbeck* Wild. Les feuilles constituent un engrais excellent, riche en azote.

(2) *Hura crepitans* L., de la famille des Euphorbiacées.

(3) *Artocarpus incisa* L., de la famille des Ulmacées.

(4) *Bixa orellana* L., de la famille des Bixacées: les graines fournissent une matière colorante rouge, le *rocou*.

(5) *Inga dulcis*, de la famille des Mimosées : graines comestibles.

(6) *Calophyllum Calaba* Jacq. Fournit le Baume de Marie des Antilles. Résiste bien aux grands vents.

(7) *Anona muricata* L., de la famille des Anonacées : fruits comestibles.

X

ENTRETIEN DE LA CACAOYÈRE

La cacaoyère une fois installée, on n'aura plus, en attendant la première récolte sérieuse, c'est-à-dire pendant six ans, qu'à veiller à l'entretien du sol et au bon état des arbres.

Entretien du sol. — Par des binages successifs on empêchera l'herbe d'envahir la plantation; on sait en effet que les herbes se développent rapidement dans les régions tropicales et qu'elles finiraient par étouffer les jeunes cacaoyers (1); on veillera aussi attentivement au régime des eaux; les fossés d'écoulement seront réparés de temps en temps pour assurer l'évacuation rapide des eaux de pluie et les canaux

(1) Dans certaines plantations de l'Amérique du Sud on se sert, pour le binage, d'un instrument appelé houe mexicaine ou *azadon*. La largeur du fer de cet outil est de 0m,20 et la longueur de 0m,22; le manche a 1m,50 de hauteur et forme avec la lame un angle d'environ 55°. Cette houe convient merveilleusement aux mœurs indolentes des indigènes. En effet, le fer est assez lourd pour que les travailleurs, en le posant sur le sol, coupent l'herbe en tirant l'outil à eux, et le manche est assez long pour leur permettre de conserver, en travaillant, une position presque verticale.

de drainage seront maintenus en bon état. S'il survenait une période de sécheresse il serait bon d'arroser les jeunes plants, et, pour assurer cet arrosage, on pourrait de place en place, dans la plantation, créer des citernes profondes où s'accumuleraient les eaux de pluie en quantité suffisante. Si un ruisseau coule à proximité, on pourra aussi dériver son cours pour irriguer la plantation.

Soins à donner aux arbres. — Un cacaoyer bien formé devrait avoir un tronc unique portant à une hauteur variable, mais généralement à 1^{m},5o du sol, une couronne de trois à cinq branches principales constituant la charpente de l'arbre.

Si l'arbre tend à s'élever par trop, il sera bon de couper le sommet, car la cueillette des fruits deviendrait trop difficile. Il faudra de même couper les branches latérales si elles sont malades ou si elles s'étendent trop loin et menacent de gêner les arbres voisins. On taillera toujours l'arbre avec un instrument bien tranchant afin d'éviter les sections mal faites ou l'écrasement des parties coupées.

Il faudra, chaque fois que l'on travaillera dans la plantation, soit pour la cueillette des fruits soit pour les sarclages, veiller à ce qu'il ne se développe pas de gourmands sur le tronc ou sur les grosses branches du cacaoyer, car ils absorberaient la plus grande partie de la sève au détriment de l'arbre. Les gourmands se reconnaissent facilement au grand développement qu'ils acquièrent en peu de temps et à leur direction verticale ; ils naissent presque toujours au-dessous des branches, aux coudes, aux endroits où la sève est ralentie ou contrariée dans son mouvement.

Dans une cacaoyère bien tenue, on voit parfois des arbres, jusque-là bien portants, dépérir en quelques jours et mourir. On devra arracher ces arbres et, avant de les remplacer, rechercher s'il n'existe pas de pierres à une certaine profondeur ou creuser un trou plus profond que l'ancien, en un mot, placer le nouveau plant dans les meilleures conditions possibles pour lui assurer un rapide développement et une longue vie.

Le cacaoyer vit environ vingt-cinq ans et même davantage dans les bons terrains ; mais ordinairement à trente ans il est bon de l'abattre, car son rapport est presque nul.

Cultures intercalaires. — Pendant la période de développement des cacaoyers, les abris provisoires de bananiers constituent une culture intercalaire dont le rendement n'est pas négligeable. Au Vénézuela on cultive entre les jeunes plants les haricots noirs, le manioc, l'igname, le colocasia, etc.

Les arbres de bordure et les abris permanents pourront être aussi choisis de préférence parmi ceux qui fournissent les produits utiles. Pendant la période d'exploitation de la cacaoyère ou plutôt dès que les arbres ont atteint une taille suffisante pour ne pas craindre le développement des herbes on pourrait peut-être cultiver l'arachide entre les plants, la faucher de temps en temps, avant le développement des fruits et l'enterrer ou l'accumuler au pied des arbres. L'arachide fixant l'azote atmosphérique comme les autres légumineuses constituerait un excellent engrais azoté. Enfin à un planteur de cacao qui se plaignait de la main-d'œuvre nécessaire pour sarcler entre les plants, le *Journal d'Agriculture pratique* (1895) a conseillé de faire pousser entre les arbres les plantes suivantes : sainfoin d'Espagne, luzerne, téosinte (*Reana luxurians*) et l'herbe de Guinée *Panicum altissimum*. Nous ignorons les résultats que pourrait procurer cette pratique, mais nous conseillons du moins aux planteurs de faire des essais limités afin de réduire autant que possible la main-d'œuvre nécessaire.

Quand la plantation sera en plein rapport on pourra aussi cultiver le manioc ou toute autre plante vivrière entre les cacaoyers.

Amendements et engrais. — D'après le tableau que nous avons reproduit (page 14) chaque tonne de cacao marchand récoltée prélève sur le sol 112 kilogrammes de matières minérales dont $5^{kg},500$ de potasse et $9^{kg},142$ d'acide phosphorique. Il est donc nécessaire de fournir au sol, par des amendements, les matériaux qui lui manquent ou qui ne s'y trouvent pas en proportion suffisante. On se trouvera toujours bien de répandre sur le sol de la cacaoyère les cendres obtenues en incinérant les bois, car, d'après Boname (*loc. cit.*, page 84), les cendres de bois présenteraient la composition suivante :

	Extrêmes.	Moyennes.
Acide phosphorique . . .	1,28 à 2,48	2,03
Potasse	1,76 à 6,20	3,37
Chaux.	33,92 à 39,84	37,38
Magnésie	0,63 à 7,88	3,58

On pourra donc par ce moyen fournir au sol une partie de la potasse qui lui est nécessaire.

La chaux n'est pas absolument indispensable au cacaoyer; mais elle est utile. Si un terrain destiné à l'établissement d'une cacaoyère n'en contient pas, il sera bon d'en fournir une certaine proportion par épandage sur le sol.

Si le lecteur veut bien se reporter au tableau de la page 14, il verra que sur les 57^{kg},539 de potasse empruntée au sol par une récolte de 1 000 kilogrammes de cacao marchand il y a 47^{kg},842 de potasse contenue dans les gousses et seulement 9^{kg},697 dans les amandes. En recueillant soigneusement les gousses après l'extraction des graines et en les accumulant au pied des arbres, on restituera donc au sol la plus grande partie de la potasse qui lui a été enlevée. On diminuera d'autant la quantité de potasse à renouveler dans le sol.

Pour ce qui concerne l'acide phosphorique l'examen du même tableau nous montre que les amandes en contiennent une proportion plus forte que les gousses. On se trouverait peut-être bien d'en fournir au sol sous forme d'engrais chimiques ou de guanos. Ces derniers en contiennent habituellement une assez forte proportion très variable d'ailleurs suivant la provenance.

En résumé nous pensons qu'on peut restituer au sol :

1° L'acide phosphorique par les cendres, les gousses, les guanos, etc. ;

2° La potasse par les *gousses*, par les cendres, ou sous forme de nitrate de potassium ;

3° L'azote par le guano et par des cultures intercalaires d'arachide.

Malheureusement on ne possède pas de résultats certains sur l'emploi de ces diverses substances. Les planteurs des régions tropicales escomptent trop souvent la fertilité indéfinie du sol dont ils disposent et ils n'emploient les fumures que par exception. C'est à cette pratique qu'il faut attribuer le dépérissement des principales cultures où des plantes malingres et souffreteuses laissent toutes portes ouvertes à l'envahissement par les parasites qui provoquent les maladies.

XI

FLORAISON. — RÉCOLTE DES FRUITS

Le cacaoyer commence à fleurir vers la troisième année; il est d'usage de supprimer ces premières fleurs et les fruits qui pourraient se nouer, pour ne pas affaiblir l'arbre et l'arrêter dans sa croissance.

A l'âge de dix ans le cacaoyer donne sa première récolte sérieuse.

Les fleurs apparaissent sur le tronc et sur les grosses branches en des points qui se boursouflent peu à peu avant l'apparition des boutons; ceux-ci sont d'ailleurs très petits et généralement groupés en bouquets. Deux semaines après, environ, la fleur s'épanouit et le fruit se noue très rapidement, mais un grand nombre de ces fruits n'arriveront pas à maturité. Cet avortement constitue ce qu'on appelle le *coulage*. D'ailleurs si tous les fruits arrivaient à leur grosseur, l'arbre ne pourrait jamais leur fournir les matériaux nécessaires à leur développement normal.

S'il est vrai que le cacaoyer porte des fleurs toute

l'année, on note généralement deux périodes où la formation des fruits a lieu plus facilement, ce qui provoque presque toujours deux récoltes annuelles. Au Brésil la récolte d'hiver, qui est la plus importante, se fait en juin et juillet; celle d'été ne commence qu'en janvier et même en février. Au Mexique la récolte principale a lieu dans les mois de mars et d'avril; la petite récolte s'effectue en octobre. A la Guadeloupe on fait la récolte de Noël en décembre et la récolte de carême de mars à juin. Au Vénézuela la première floraison *metida* a lieu en août, de sorte que la récolte correspondante se fait à la Noël. Au mois de mars commence la seconde floraison et la récolte correspondante, dite de la Saint-Jean, a lieu de juillet à août. Au point de vue de la quantité elle est d'un tiers inférieure à la première.

Sur la côte occidentale d'Afrique, à l'île de San-Thomé, qui est actuellement un centre important de production de cacao, la véritable récolte se fait en août et septembre, c'est-à-dire à la fin de la saison sèche. Ce sont donc les fleurs qui ont apparu à partir de mai, époque où commence le repos de la végétation, qui donneront les fruits en août et septembre, soit environ trois ou quatre mois après la floraison. A ce moment nous avons compté sur des arbres de six ans plus de 80 fruits de grosseur normale. Il ne nous a pas paru que les fleurs de cacaoyers fussent plus nombreuses au commencement de la saison sèche; mais de ce qui précède il résulte qu'elles se nouent plus facilement quand les pluies ont cessé.

On peut procéder à la cueillette quand la cabosse a pris une teinte jaune bien caractérisée; on la détache alors facilement avec une sorte de lame courte montée sur un long manche ou avec une gaule fourchue; mais il faut éviter d'arracher les fruits en tordant le pédoncule, ce qui a généralement pour résultat d'enlever un lambeau d'écorce.

Il ne faut pas cueillir les cabosses avant maturité, car la présence de quelques grains encore verts nuit à la qualité de toute une récolte en lui communiquant une saveur amère, âcre, toujours désagréable, que la dessiccation n'atténue guère. Par contre, les fruits mûrs peuvent rester quelque temps sur l'arbre sans en souffrir.

Pour une cacaoyère de quelque importance il sera bon de procéder à la récolte tous les jours. C'est à ce moment qu'on apprécie les avantages d'une plantation régulièrement disposée. Pour la cueillette on n'a qu'à suivre ligne par ligne sans être obligé d'aller au hasard, ce qui arriverait fatalement dans une plantation irrégulière, faite sans méthode; et l'on n'a pas à craindre d'oublier des fruits qui, autrement, seraient perdus pour le planteur.

La récolte se fait à San-Thomé dans les conditions suivantes :

Tous les jours, dans la partie de la propriété indiquée par le directeur, une équipe de travailleurs va procéder à la cueillette. Pour cela ils se servent d'un instrument ressemblant un peu au croissant des élagueurs. Cet outil, qui se compose d'une petite lame recourbée et d'un manche de 2 à 3 mètres de longueur, est indispensable pour détacher les cabosses placées au sommet des branches. Les fruits détachés jonchent le sol. Ils sont ensuite réunis en tas et ouverts par des femmes spécialement chargées de ce travail.

Quand il ne pleut pas, l'ouverture des cabosses peut se faire dans la plantation même, au pied des arbres et les gousses sont abandonnées autour des cacaoyers en guise de fumure. Par les temps de pluie les cabosses sont portées à un magasin où on procède à l'égrenage. Pour ouvrir les fruits on se sert d'un couteau ou mieux d'un petit maillet; ou bien encore l'ouvrier tenant une pierre entre ses jambes frappe la cabosse sur cette pierre; le fruit fendu est passé à un autre travailleur qui enlève les graines avec une spatule de bois ou une cuillère. Les graines sont ensuite étalées sur une aire dont le sol bien battu est recouvert de feuilles de bananier ou de balisier.

XII

FERMENTATION ET SÉCHAGE

Dans quelques pays, et notamment à la Jamaïque, certains planteurs ont l'habitude de laver les graines sans les faire fermenter, pour les faire sécher ensuite. Ce procédé est évidemment très commode pour débarrasser les graines de la pulpe qui les entoure ; mais nous ne pouvons en conseiller la pratique, car on n'obtient, par ce moyen, qu'un mauvais produit commercial. Le cacao simplement lavé et séché a une saveur amère, sa pellicule est fortement adhérente et il présente une couleur pourpre tandis que les cacaos fermentés et séchés ont une saveur douce et astringente, une belle couleur rouge brun et présentent une pellicule facile à détacher. Du reste, les cacaos simplement lavés et séchés ne sont jamais vendus qu'à des prix inférieurs.

Voici comment peut se résumer la façon de préparer le cacao : 1° cueillette et mise en tas des fruits ; 2° deux ou trois jours après ouverture des cabosses ; 3° fermentation ; 4° séchage ; 5° triage.

Les deux premières opérations ont été décrites dans le chapitre précédent.

Fermentation. — Les graines sont mises à fermenter dans des bacs de formes diverses et dont les cloisons sont formées de madriers assez épais; ces récipients doivent être assez grands pour contenir une dizaine d'hectolitres de graines; on recouvre celles-ci de feuilles de bananier et on comprime le tout en plaçant une sorte de couvercle supportant ou bien des pierres ou bien un levier à l'extrémité duquel se trouve un poids. La fermentation se produit d'autant plus vite que la quantité de graines est plus grande; c'est pour cette raison que nous avons conseillé l'emploi de bacs pouvant contenir une dizaine d'hectolitres. La durée de cette fermentation varie de quatre à cinq jours à sept ou huit, suivant la nature des graines, suivant l'état de l'atmosphère et suivant la température. Pendant qu'elle se produit il se dégage de l'acide carbonique et il s'écoule des bacs un jus sucré provenant de la transformation de la pulpe entourant les graines. La température, en pleine fermentation, s'élève à 60° dans les bacs. Il faut avoir soin de ne pas la laisser s'élever davantage, car les graines prendraient une coloration noire et perdraient de leur valeur.

Pour ne pas dépasser le degré de fermentation nécessaire, à partir du troisième jour on retire les graines des bacs tous les jours et on les remue fortement pour les y replacer ensuite et laisser continuer la fermentation jusqu'au point voulu.

Le but est atteint quand les graines ont acquis extérieurement une belle couleur rouge brun et que l'intérieur est devenu jaune paille de violet qu'il était au début.

Il arrive parfois que, pendant la durée de la fermentation, les graines se couvrent de moisissures. Il convient alors de les retirer des bacs et de les faire sécher au soleil pendant vingt-quatre ou quarante-huit heures avant de les soumettre de nouveau à la fermentation.

Les bacs de fermentation sont généralement placés sous des hangars et de façon qu'il soit toujours facile de s'assurer de l'état des graines. Dans certaines exploitations on les enfonce plus ou moins complètement dans la terre, mais ce n'est pas cette manière de faire qui constitue le terrage.

A San-Thomé les graines sont soumises à la fermentation aussitôt après la cueillette, ou du moins après un temps très court. Elles sont pour cela entassées dans des sortes d'auges en bois de 2 ou 3 mètres de longueur sur 1 à 1^m,5o de hauteur et recouvertes de feuilles de tôle cannelées ou de toute autre couverture mobile. A la partie inférieure des auges, près du sol, se trouve une petite porte à rainure pour faciliter la sortie des graines.

Terrage. — Au Venezuela les fruits sont ouverts

dans la plantation même et les graines sont jetées dans des paniers qu'on transporte en des *babaders*. C'est une chambre de petite dimension dont le plancher est à claire-voie pour laisser suinter le jus sucré qui s'écoule des graines fraîches. Le lendemain au lever du soleil la récolte de la veille est étendue sur des toiles de 2^m,50 à 3 mètres de long pour 1^m,60 de large qui sont portées sur une aire plane, légèrement inclinée, appelée *patio* et mesurant 12 mètres sur 17 mètres. Les graines sont étendues au râteau en couches minces et remuées trois ou quatre fois par jour. A trois heures de l'après-midi, le soleil étant encore chaud, le cacao est rentré et mis en tas dans les magasins. On fait de même tous les jours avec la cueillette de la veille, en ayant soin de séparer les tas d'après le nombre de jours qu'ils ont été exposés au soleil. Les graines mises en tas s'échauffent par la fermentation qui s'y déclare; au bout de deux jours on procède au *terrage*. Pour cela le cacao est sorti chaud du tas et saupoudré avec de l'argile rouge ou avec de la brique pilée dans une toile que deux ouvriers secouent par les extrémités. Ensuite le cacao est exposé de nouveau au soleil pendant deux, trois ou même quatre jours, jusqu'à ce que la pellicule qui recouvre l'amande craque sous la pression de la main. On tamise ensuite pour enlever la terre rouge (1) en excès.

(1) D'après Braun, elle serait constituée par une argile imprégnée d'oxyde de fer hydraté.

Séchage. — Par la fermentation les graines ont perdu la pulpe qui les entourait et ont acquis la couleur rouge brune qui les caractérise. Les opérations ultérieures varient suivant les pays, mais elles se terminent toujours par le séchage des graines au soleil.

A Ceylan les graines après la fermentation sont d'abord lavées pour enlever les débris de pulpe qui pourraient encore y adhérer. Au Pérou on leur fait souvent subir une légère immersion dans l'eau salée pour les garantir contre les attaques ultérieures des insectes. Enfin quand les cacaos ont été terrés, des femmes ou des enfants les frottent entre les mains pour enlever la terre en excès.

Le séchage qui vient ensuite se fait soit directement sur le sol bétonné soit dans de larges caisses présentant une profondeur de $0^m,20$ à $0^m,30$ au maximum. L'emploi de ces caisses permet de rentrer plus facilement le cacao pour la nuit ou quand il pleut. D'ailleurs on emploie, pour arriver à ce but, deux procédés : tantôt les caisses sont mobiles et peuvent être rentrées très rapidement sous un hangar à l'approche de la nuit ou quand la pluie va tomber; tantôt les caisses sont à demeure fixe et les toits sont mobiles. Dans l'un et l'autre cas les caisses ne doivent pas reposer directement sur le sol. Lorsque des pluies subites sont souvent à craindre, comme à la Guyane, il est absolument nécessaire d'adopter une disposition qui permette de recouvrir très rapidement les caisses de dessiccation. Le séchage dure cinq à six jours et pendant ce temps il faut remuer souvent les graines pour amener une dessiccation uniforme. Les amandes sont assez sèches pour être rentrées quand elles se cassent facilement à la main et que la pellicule qui les recouvre se brise sans difficulté.

Triage. — Avant de mettre le cacao en magasin, il est utile de le trier pour obtenir, des qualités uniformes. Ce triage peut se faire mécaniquement à l'aide de machines composées de trémies dont les trous sont graduellement croissants. Le premier crible ne laisse passer que les poussières; les autres trient les graines par ordre de grosseur.

Emmagasinage. — Le cacao doit être, dans les pays d'origine du moins, où l'atmosphère est toujours humide, conservé le moins de temps possible en magasin. Si les graines se couvrent de moisissures, il faudra les en débarrasser par frottement; si elles sont attaquées par les insectes et notamment par une sorte de teigne qu'on désigne sous le nom de *friande à chocolat*, il sera plus difficile de les conserver et, pour éviter l'expansion du mal, il sera nécessaire d'expédier le cacao le plus rapidement possible.

XIII

RENDEMENT DES CACAOYERS

Le nombre et le poids des cabosses fournies annuellement par un cacaoyer sont essentiellement variables, on le comprend, suivant les espèces cultivées, suivant la nature du sol, suivant les soins donnés à l'exploitation, etc. Il n'est donc pas possible, pas plus que pour toute autre culture d'ailleurs, d'assigner une valeur réelle au rendement d'une cacaoyère. Nous allons simplement prendre un exemple.

Un cacaoyer de belle venue peut facilement fournir de 3o à 5o cabosses au minimum, chaque cabosse pesant de 25o à 7oo grammes ou 5oo grammes en moyenne. Si nous supposons un arbre portant 4o cabosses de 5oo grammes, le poids de la récolte sera de 20 kilogrammes et pour un hectare de terre planté en cacaoyers, à la distance de 4 mètres (625 à l'hectare), on aura un rendement total de 12 5oo kilogrammes.

Le fruit mûr (Boname) se compose de :

Gousse verte	75
Amandes vertes non lavées	25
Fruit entier	100

D'après le même auteur, les amandes contiennent 55.6 p. 100 d'eau; le rendement en amandes sèches représente donc 44.4 p. 100 du poids des amandes vertes. Si nous admettons un rendement de 40 p. 100 nous aurons, pour les amandes vertes fournies par un hectare de cacaoyers, 3 125 kilogrammes, et pour les amandes sèches 1 250 kilogrammes (1).

Le rendement en amandes sèches varie de 0^{kg}.650 à 3^{kg}.500 par arbre. On affirme même que, dans des terres d'alluvion exceptionnellement riches, le rendement peut dépasser 4 kilogrammes par arbre.

Nous croyons utile de mettre sous les yeux de nos lecteurs un tableau indiquant le rendement en amandes sèches, par cabosse, aux différents mois de l'année. Ces résultats concernent le cacao cultivé au Congo français où il existe actuellement des plantations assez importantes.

(1) On lit dans Nicholls et Raoul *Petit Traité d'agriculture tropicale*, p. 137, que « les propriétaires des Antilles n'obtiennent guère que 500 grammes de cabosses par arbre ». C'est sans doute là une erreur de traduction puisque chaque cabosse atteint souvent un poids de 500 grammes.

MOIS	NOMBRE de fruits employés pour l'expérience.	POIDS moyen par cabosse.	POIDS de la coque.	RENDEMENT en amandes fraîches.	RENDEMENT en amandes sèches.
		Kg.	Kg.	Kg.	Kg.
Janvier. . . .	15	0.447	0.322	0.125	0.054
Février. . . .	15	428	315	113	052
Mars.	15	435	329	106	044
Avril.	15	410	307	103	047
Mai	15	452	341	108	052
Juin	15	448	336	112	058
Juillet	15	430	315	115	057
Août.	15	415	305	110	060
Septembre . .	15	330	205	125	063
Octobre . . .	15	385	265	120	061
Novembre . .	15	440	327	113	056
Décembre . .	15	467	330	137	058
Totaux . .		5,087	3,700	1.387	0.662

Ce tableau montre tout d'abord que le rendement en amandes sèches a été de 13 p. 100 du poids des cabosses fraîches. C'est en décembre que les fruits atteignent le poids le plus élevé ; la coque acquiert son maximum de poids au mois de mai. les amandes fraîches au mois de décembre et les amandes sèches en septembre. Or, c'est précisément en septembre, c'est-à-dire à la fin de la saison sèche, que se fait la principale récolte de cacao au Congo français.

XIV

ENNEMIS ET MALADIES DU CACAOYER

Comme toutes les autres plantations, celles de cacaoyers ont à compter avec un certain nombre d'ennemis, animaux ou végétaux.

Animaux. — Parmi les mammifères, les singes sont les plus redoutables ; souvent très nombreux dans les régions où on peut cultiver le cacaoyer, ils se montrent très friands des graines, et, pour se les procurer, visitent les plantations, sautent de branche en branche et provoquent, par leurs mouvements, la chute des fleurs et des fruits. L'antilope, se dressant sur ses pieds de derrière, mange les jeunes cabosses et les bourgeons ; l'agouti recherche aussi les jeunes fruits et cause des dégâts sans nombre ; l'écureuil et les rats, pour sucer la pulpe sucrée qui entoure les graines, ouvrent les fruits et en provoquent ainsi la chute avant maturité. Pour garantir la plantation contre ces ennemis si redoutables par leur agilité comme par leur nombre, il est souvent nécessaire d'enclore la plantation ; encore cette précaution n'est point suffisante pour éloigner les singes auxquels on est obligé de faire la chasse sans merci. Quant aux rats, on peut les détruire en les empoisonnant ou bien encore en propageant la mangouste qui leur fait la chasse.

Les oiseaux eux-mêmes, et surtout les perroquets, sont parfois non moins funestes que les mammifères et le planteur doit, pour garantir ses cacaoyers, dresser des épouvantails de place en place.

Mais les insectes sont, parmi les animaux, les plus terribles ennemis du cacaoyer. Pendant la première période du développement, les criquets et sauterelles coupent souvent le sommet de la tige des jeunes plants. Lorsque la plantation se trouve à proximité d'une forêt non défrichée, les fourmis l'envahissent rapidement et leurs bataillons serrés ne tardent pas à se frayer de véritables sentiers pour visiter les cacaoyers et en ronger peu à peu l'écorce. Pour se débarrasser de ces ennemis, redoutables par leur nombre et par leurs déprédations, il faut détruire par le feu toutes les fourmilières qu'on peut rencontrer à proximité de la plantation ; et si, malgré cette précaution, les fourmis se montrent encore en grand nombre, on fera bien d'entourer le tronc des cacaoyers d'une bande de toile enduite de goudron.

Suivant Adolfo Tonduz (*Informe sobre una Enfermedad del Cacaotero*, 1895), d'autres insectes causent aussi des dégâts dans les plantations de cacaoyers de

Costa-Rica ; cet auteur a rencontré sur les feuilles, dans les fentes de l'écorce et jusque dans les fruits, des larves appartenant à des insectes hémiptères et lépidoptères. Les pucerons se montrent aussi très souvent.

A la Guyane française, l'écorce des cacaoyers est attaquée par des larves de coléoptères qui portent dans le pays les noms de *goasseures*, *angiropola* ou encore *indienne*. D'autres larves, les *rasconillos* et *vacacos* se portent sur les feuilles et les fleurs. Mais les fourmis sont, à la Guyane comme ailleurs, les plus terribles ennemis du cacaoyer.

Le *borer* est une larve qui s'introduit dans la tige et les branches des cacaoyers en s'y creusant des galeries. Si une branche seulement est attaquée, on fera bien de la couper et de la brûler ; s'il s'agit du tronc, le meilleur moyen sera de l'arracher complètement et de le brûler, en ayant soin de chauler fortement la terre à l'endroit où s'élevait le cacaoyer et dans le voisinage pour détruire également les larves qui pourraient s'y trouver.

Les grosses chenilles peuvent à la rigueur être enlevées à la main ; mais les larves de plus petite taille sont plus difficiles à détruire ; il faut employer diverses solutions insecticides qu'on applique sur le tronc et les grosses branches à l'aide d'une brosse ou dont on enduit la surface des fruits. On peut, par exemple, laver les fruits avec de l'eau salée ou de l'eau de mer, ou bien encore employer à cet effet une solution de savon additionnée de pétrole (1 kilogramme de savon dans 50 litres d'eau : ajouter un demi-litre de pétrole et battre fortement). Les insecticides de Burdeos (1) ou de Vassilières (2) peuvent aussi rendre d'excellents services.

Dans les vallées humides où on établit souvent des plantations, les crabes de terre maltraitent parfois les racines et le bas du tronc des cacaoyers. Le meilleur moyen de s'en défaire est de leur tendre des pièges ou de les empoisonner.

Parasites végétaux. — Les cacaoyers sont souvent envahis par des végétaux parasites ou épiphytes d'assez grande taille comme les Loranthacées ou certaines Broméliacées (*Tillandsia*) ou même par des Mousses. Les premiers doivent être enlevés aussitôt qu'ils apparaissent, car ils ne peuvent avoir pour effet que d'épuiser l'arbre. Les mousses en se développant à la surface du tronc et des branches peuvent empêcher les boutons d'apparaître et de donner des fleurs ; aussi doit-on soigneusement en débarrasser la tige et les branches par des raclages opérés avec précaution.

Une maladie nommée *Mancha*, qui cause de vérita-

(1) Dissoudre 2 kilogrammes de sulfate de cuivre et 2 kilogrammes de chaux dans 100 litres d'eau ; conserver dans un récipient non métallique et en badigeonner l'arbre.

(2) Dans 100 litres d'eau chaude dissoudre 1 kilogramme de savon noir et 2 kilogrammes de carbonate de soude. Ajouter après refroidissement 3 à 5 litres de pétrole. Dans l'application, éviter de recouvrir les feuilles, les boutons et les fleurs que la solution tue irrémédiablement.

bles ravages dans les cacaoyères de l'Equateur, a été étudiée successivement par Luis Sodiro (*Observationes sobre la Enfermedad del Cacao « Mamada »*, etc. (Quito, 1892) et par G. de Lagerheim (*Pflanzenpathologische Mitteilungen aus Ecuador*). Cette maladie parait en réalité être double. Certains arbres étudiés par G. de Lagerheim avaient les branches et le tronc recouverts de taches d'un blanc verdâtre, souvent très étendues et dans la surface pulvérulente desquelles on pouvait reconnaître des sorédies de lichens. Cette forme de *Mancha* très préjudiciable aux cacaoyers peut être assez facilement combattue par des grattages soigneux de l'écorce.

Une autre forme de *Mancha* est caractérisée par des taches d'un brun noirâtre qui se développent sur les fruits pendant leur développement et en provoquent la dessiccation. De Lagerheim a trouvé le péricarpe de ces fruits percé de trous par lesquels avaient passé les larves ; d'après cet auteur, la maladie reconnaîtrait donc pour première cause l'attaque du fruit par un insecte ; ensuite des spores de champignons pénétreraient dans le fruit par cette ouverture et l'envahiraient peu à peu.

Des insecticides appliqués sur les fruits pourraient donc seuls avoir raison de cette maladie. Ajoutons d'ailleurs que des cabosses provenant de l'Equateur (Santo-Domingo de Colorado) et couvertes presque complétement d'un enduit noir ont été étudiées par un savant mycologue français M. Patouillard, qui a trouvé un champignon nouveau, le *Botryodiplodia theobromæ* Pat. La deuxième sorte de *Mancha* pourrait être occasionnée par ce champignon.

Nous avons trouvé au Congo français des cabosses malades, à surface noire, dont les graines étaient en partie décomposées. L'examen de ces fruits nous a montré que le péricarpe présentait des ouvertures pratiquées par des insectes dont nous avons retrouvé les larves vivantes.

Ces larves élevées au muséum d'histoire naturelle par les soins de M. Bouvier, professeur d'entomologie ont donné des teignes appartenant à une espèce probablement nouvelle. Par les ouvertures des cabosses avaient pénétré des champignons appartenant à plusieurs genres différents qui avaient peu à peu envahi le péricarpe, la pulpe et les graines.

D'autre part, certaines cabosses étaient envahies par des fourmis qui ont pu être rapportées au *Monomorium floricola* Jerdon.

Un champignon, le *Melanomma Henrinquesianum* Bres. et Roum. a été trouvé d'autre part sur des écorces de cacaoyers provenant de l'île de San-Thomé (côte occidentale d'Afrique).

Enfin MM. Prillieux et Delacroix ont eu l'occasion d'étudier un pied de cacaoyer atteint d'une maladie qui cause, parait-il, des ravages considérables dans certaines plantations de l'Amérique équatoriale (Colombie). Les cacaoyers meurent brusquement par places à la suite d'une inondation et c'est seulement dans

les bas-fonds où l'eau est stagnante que la maladie
se manifeste. Quand l'inondation est terminée les
feuilles jaunissent très rapidement, la plante se flétrit
sur pied et périt. Cet accident ne se produit en général que quand les cacaoyers ont trois ou quatre ans.
Dans les racines des plantes mortes on trouve l'écorce
desséchée se détachant facilement de la partie
ligneuse centrale. Cette dernière est colorée en gris
de fer d'un ton uniforme.

L'écorce montre à l'œil nu des quantités de petites
touffes noires qui sortent au dehors à travers des
pertuis creusés dans l'épaisseur de la couche subé-
reuse. Ces touffes couronnent les périthèces d'un
champignon dont les auteurs cités plus haut ont
reconnu l'existence dans l'écorce et qu'ils ont désigné sous le nom de *Macrophoma vestita*. Il paraît
évident que cette maladie ne peut être combattue
qu'en évitant les inondations dont elle est toujours
la conséquence et dont l'effet ne peut être d'ailleurs
que désastreux pour le fonctionnement des racines.

D'autres champignons attaquent les feuilles et
provoquent la formation de taches plus ou moins
étendues.

Contre cet envahissement des cacaoyers par les
champignons le planteur ne peut guère lutter, en
général, qu'en faisant abattre le plus rapidement
possible les premiers arbres malades. C'est le meilleur et peut-être l'unique moyen d'empêcher la pro-
pagation du mal. Ajoutons que les maladies provo-

quées par les champignons sont d'autant plus rares que les plantations sont mieux entretenues, que l'air et la lumière y pénètrent plus facilement et que les arbres poussent plus vigoureusement. Il convient donc avant tout de ne pas planter les cacaoyers trop rapprochés ; il faut les tailler pour laisser circuler l'air et enfin il faut maintenir la fertilité du sol par les engrais et les amendements appropriés.

Nous devons, en terminant, appeler l'attention des planteurs sur une maladie qui consiste dans la formation de poches gommeuses soit dans le bois soit dans le liber secondaire ou bien simplement de dépôts d'une gomme spéciale dans la cavité des fibres et des vaisseaux. Cette production de gomme entraîne souvent la mort de certaines branches ou même celle de l'arbre entier, mais on ignore les conditions qui la provoquent et il n'est pas possible, par conséquent, d'indiquer actuellement les moyens à employer pour combattre cette maladie.

XV

FRAIS D'INSTALLATION ET RENDEMENT
D'UNE CACAOYÈRE

Il n'est pas possible d'établir un devis exact des dépenses occasionnées par une plantation, attendu que certains frais généraux, la construction des maisons d'habitation, l'achat des instruments nécessaires et du sol s'il y a lieu, varient énormément d'un endroit à un autre et que leur proportion relative dans la dépense totale dépend aussi de l'importance de la plantation. Laissant de côté tous ces frais accessoires qui sont parfois très importants, nous ne considérerons dans ce qui va suivre que le prix de la main-d'œuvre et les frais d'installation des constructions nécessitées par la manutention du produit.

Voici par exemple, sous les réserves précédentes, les frais et le rapport d'une plantation de 3 *cavaleries* (1) à Cuba.

(1) La cavalerie représente une surface de 13 hectares 42 ares; 3 cavaleries font donc un peu plus de 40 hectares.

Le quintal est de 100 livres espagnoles, soit 46 kilogrammes. La tonne est de 25 quintaux, soit 1 150 kilogrammes.

La piastre vaut 5 francs.

Dépenses.

Achat de terrain à 300 piastres la cavalerie,
  soit pour les 3 cavaleries. . . . .   900 piastres.
Brûlage des bois et nettoyage, à 350 piastres
  la cavalerie.   1050
Creusage des trons et plantation des ca-
  caoyers.   750   ....
1re année, 12 sarclaisons à 10 piastres la
  sarclaison par cavalerie   360
2e année, 12 sarclaisons à 10 p. par caval.   360   —
3e   —   12   —   10   . .   360   —
4e   —   6   —   10   —   180   —
5e   —   6   —   10   —   180   . .
Glacis . . . . 300 piastres. }
Magasins. 300   —   }   600   . .
15 travailleurs pendant 6 mois à 0 p. 50, soit
  à 700 journées.   1350   —
                    Total. . . . .   6090 piastres.

Récolte.

Frais de ramassage à 50 sous par quintal :
  par cavalerie, 700 quintaux de graines
  fraîches . . . . 1050 piastres.
Transport, 1 piastre par   } 1575 piastres.
  2 quintaux, soit à 350
  quintaux de graines sè-
  ches la cavalerie . . . 525   —
Total des frais jusqu'à la première récolte. 7665 piastres.

Recettes.

1050 quintaux à 13 piastres le quintal. . . 13650 piastres.
Ce qui pour la première récolte laisse un
  bénéfice de   5985   —
Les années suivantes on n'a plus qu'une dé-
  pense comparative de :
6 sarclaisons . . . . 180 piastres.
Les salaires des travailleurs 1350   —   } 3105   —
Les frais de récolte. . . . 1050   . .
Les frais de transport. . . 525   —

Et les récoltes étant les mêmes, soit . . . 13 650 piastres.
On a un bénéfice de . . . . 10 650   —

Qui se maintient pendant plus de douze ans avec des soins intelligents.

Des données qui prédèdent, il résulte qu'un hectare de terrain planté en cacaoyers a coûté, en dépenses de toutes sortes, au moment où il produit sérieusement, à la sixième année, une somme de 960 francs, en chiffres ronds, et qu'il rapporte 1 700 francs, soit un bénéfice de 740 francs par hectare. Mais pour les années suivantes, les frais ayant considérablement diminué, puisque les travaux ne consistent plus qu'en sarclages et récolte, représentant annuellement une dépense de 390 francs ; et, d'autre part, la production ayant plutôt augmenté, il restera un bénéfice de 1 320 francs par hectare pour le planteur. Nous répétons encore une fois que nous n'avons pas fait entrer en ligne de compte l'habitation et la nourriture du planteur, l'achat des instruments aratoires, etc.

Nous reproduisons ci-après un 'devis de plantation au Congo français où il existe actuellement des cacaoyères assez importantes.

Nous n'avons pas à faire intervenir de prix d'achat pour le terrain, car on peut l'obtenir gratuitement à titre de concession.

Dépenses pour 1 hectare.

Débroussement, abatage des taillis, arrachage des racines, brûlage et nettoyage	150	francs.
Jalonnement et creusage des trous (625)	35	—
Plantation, arrosage et couverture des plants. . . .	25	—
1re année 5 binages à 50 francs l'un	250	—
2e 3 à 50	150	—
3e 2 à 50	100	—
4e 2 à 50	100	—
5e 2 à 50	100	—
Total	1 210	francs.

Frais de récolte.

Frais de récolte et de préparation à 20 francs par quintal pour 1 250 kilog.	250	francs.
Total des frais jusqu'à la première récolte.	1 460	francs.

Recettes.

1 250 kilog. de cacao (2 kilog. par pied) à 130 fr. les 100 kilog	1 625	francs.
Ce qui pour la première récolte laisse un bénéfice de.	165	—

(6e année.)

Dépenses. { Sarclages . . . . 100 fr. / Frais de récolte. . . . . . 250 fr. }	350	—
Recettes. 1 250 kilog. de cacao à 130 francs les 100 kilog.	1 625	—
Bénéfice annuel.	1 275	—

(ann. suiv.)

En réalité, la production augmente un peu de la sixième année à la douzième. A partir de la vingtième elle diminue.

A la Guadeloupe, les terres propres à la culture du cacaoyer valent de 3 000 à 5 000 francs l'hectare. De plus, la main-d'œuvre étant plus rétribuée que dans les pays dont nous venons de parler, on peut estimer à 3 000 francs au minimum par hectare les frais d'installation et d'entretien d'une cacaoyère jusqu'à la première récolte.

Au Venezuela, les plantations sont divisées en carrés de 100 vares (83^m,59) de côté, mesure agraire appelée *tablon*. En moyenne, un tablon contient 575 cacaoyers. D'habitude, les propriétaires passent un traité avec les laboureurs; le propriétaire fournit la graine et l'arrosage; le laboureur s'engage à rendre le terrain planté en due forme de cacaoyers productifs au prix de 0 fr. 50 le pied, soit à 288 francs par tablon.

Si le propriétaire établit lui-même la cacaoyère, il compte que les récoltes accessoires, légumineuses, manioc, igname, bananes, etc., produites par le terrain avant la première récolte couvriront, et au delà, les dépenses de plantation de celui-ci.

L'arrosage se fait tous les quinze jours pendant la saison sèche; il coûte 24 à 30 francs par tablon et par année.

Les sarclages, l'enlevage des lianes, etc., exigent 13 corvées d'ouvriers à 1 fr. 50 l'une, deux fois par an, soit 30 francs.

Les frais de cueillette oscillent entre 4 et 10 francs l'hectolitre (pesant 42^{kg}, 800), suivant l'abondance de la récolte. On comprend dans ce prix l'élagage des arbres qui se fait en même temps.

Un tablon produit environ 265 francs de cacao marchand.

Enfin, la valeur (en 1889) des terrains de bonne qualité, analogues à ceux qui produisent les meilleurs caruques, était de 750 francs le tablon.

On peut donc établir les comptes suivants, d'après le professeur Marcano :

Frais d'établissement d'un tablon de cacaoyers, graines comprises	300 fr.	»
Valeur foncière du terrain	750 —	»
Total	1 050 fr.	»
Intérêt de ce capital à 9 p. 100 par an	94 50	»
Frais d'arrosage	30 —	»
Sarclage et enlevage des lianes, etc.	39 —	»
Frais de récolte et d'élagage	37 —	»
Dépenses totales	200 fr. 50	
Prix de vente de 264 kg. 500 de cacao à 316 fr. les 100 kilog.	836 fr.	
Déduisant des recettes les frais, il reste en bénéfice net annuel par tablon	635 fr. 50	

Ces prix ont été calculés pour une plantation de cacaoyers *créoles*. Si le cacao cultivé était *trinitaire*, la récolte serait de plus de 500 kilogrammes, mais les prix de vente atteindraient tout au plus 150 francs quand le créole se vend plus de 300 francs. Le bénéfice net serait donc moindre en définitive.

Naturellement les bénéfices diminuent un peu pour les propriétés situées à l'intérieur des terres, en raison des frais de transport qui viennent s'ajouter à ceux de culture et de récolte.

XVI

COMMERCE DU CACAO EN FRANCE
ET DANS LES AUTRES PAYS

RÉGIME DOUANIER

Pour faire mieux apprécier, s'il est possible, l'importance de la production du cacao dans les régions où cette culture est possible, nous voulons placer sous les yeux du lecteur le tableau succinct du commerce et de la consommation du cacao en France et dans un certain nombre d'autres pays. Le tableau de la page 75 montre déjà très nettement quelle progression a suivie depuis près d'un demi-siècle la consommation du cacao en France et d'autre part l'importance croissante des importations de cette denrée.

Le tableau ci-après fournit la statistique des quantités de cacao en fèves introduites ou consommées en France pendant l'année 1895 :

| | QUANTITÉS | |
Provenance.	Commerce général.	Commerce spécial.
Angleterre.	260 403 kilog.	767 kilog.
Belgique.	56 800	4
Portugal.	675 701	1 778
Poss. anglaises Afrique Occ..	95 550	3 705
Indes anglaises.	32 910	36 938
États-Unis (Oc. Atlantique).	295 504	103 009
Colombie	3 431 865	177 823
Guatemala.	36 384	251 989
Venezuela	5 640 343	3 007 126
Brésil.	7 182 868	5 284 917
Equateur	4 100 094	374 027
Poss. angl., Amérique Mérid.	6 911 965	4 040 816
Haïti	2 859 992	941 522
Poss. holland. d'Amérique.	265 798	135 619
Martinique.	418 312	427 618
Guadeloupe	383 860	314 483
Autres pays	136 335	141 022
Totaux.	32 814 724 kilog.	15 243 163 kilog.

Sur le total des importations 15 551 370 kilogrammes ont été introduits en France par navires français, 17 205 576 kilogrammes par navires étrangers, et 57 778 kilogrammes par terre ou par pays tiers. Notre pays a en outre reçu pendant la même année 1895 :

Cacao broyé.	105 881 kilog.
Beurre de cacao	212 790 —
Chocolat	451 308 —

Le tableau des importations montre nettement que l'industrie française demande surtout ses cacaos au Brésil, aux possessions anglaises d'Amérique et au

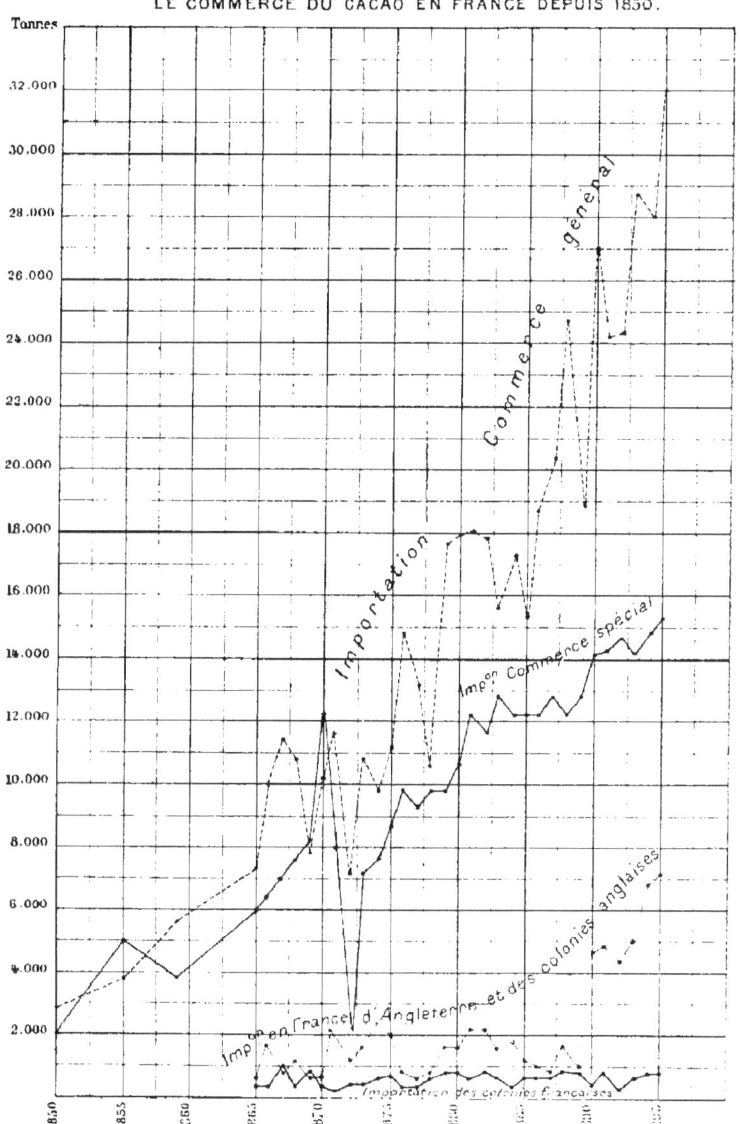
LE COMMERCE DU CACAO EN FRANCE DEPUIS 1850.
Tonnes
32.000
30.000
28.000
26.000
24.000
22.000
20.000
18.000
16.000
14.000
12.000
10.000
8.000
6.000
4.000
2.000
Commerce général
Importation
Imp.on Commerce spécial
Imp.on en France d'Angleterre et des colonies anglaises
Importation des colonies françaises
1850
1855
1860
1865
1870
1875
1880
1885
1890
1895

Venezuela, qui ont fourni les 4/5 des cacaos consommés en France pendant l'année 1895. La Martinique et la Guadeloupe, les seules colonies françaises fournissant une quantité notable de cacao, n'entrent que pour une part relativement minime dans les importations. Les cacaos des colonies françaises admis à la détaxe de 50 p. 100 sur les droits d'entrée par la loi du 11 janvier 1892 ont fourni seulement un total de 752 350 kilogrammes bénéficiant de cette détaxe.

Les premiers cacaos consommés en France provenaient des colonies espagnoles ; ils étaient frappés à leur entrée d'un droit de 0 fr. 75 par livre. Mais on se rendit compte rapidement que nos colonies pouvaient fournir cette denrée et qu'il convenait de leur accorder un régime de faveur ; on conserva donc le droit de 0 fr. 75 sur les cacaos étrangers en l'abaissant à 0 fr. 10 pour les cacaos de nos colonies.

Le tarif établi par la loi du 2 juillet 1836 et par celles des 26 avril et 12 juin 1856 vint fixer comme il suit les droits d'entrée sur le cacao :

	Par navires français.	Par navires étrangers et par terre.
Cacao des colonies françaises.	40 fr. les 100 kil.	40 fr. les 100 kil.
— des pays à l'ouest du cap Horn.	50 —	75 —
— d'ailleurs (hors d'Europe)	55 —	75 —
— des entrepôts.	65 —	75 —

Ces droits étaient exorbitants, car ils correspondaient à une moyenne de 66 francs les 100 kilogrammes pour les diverses provenances de l'époque.

La loi du 24 mai 1860 réduisit notablement ces droits qui furent fixés de la façon suivante :

```
Fèves et      par     ⎰ des colonies françaises .  20 fr. les 100 kil.
pellicules ⎱ navires ⎱ d'ailleurs (hors d'Europe)  25      —
de         ⎰ français.  des entrepôts. . . . . .    40      ·
cacaos.      par navires étrangers . . . . . . .    40      —
```

A la même époque, les cacaos n'acquittaient à l'entrée en Espagne qu'un droit de 11 fr. 74 les 100 kilogrammes ; aussi les importations étaient-elles relativement considérables pour ce pays et une bonne partie nous arrivait frauduleusement par les gorges des montagnes. Comme le montre très nettement le tableau de la page 75, la consommation du cacao fut en décroissance dans notre pays de 1855 à 1860, c'est-à-dire pendant l'application du tarif exagéré de 1856. A partir de 1860 la consommation n'a fait qu'augmenter.

Dans le but de fournir des ressources immédiates à notre budget, ces droits furent majorés à la suite de la dernière guerre et la loi du 8 juillet 1871 élevait à 100 francs le droit sur les cacaos en fèves. En 1881, une taxe additionnelle de 4 p. 100 venait s'y ajouter, ce qui portait les droits à 104 francs les 100 kilogrammes.

La loi de douanes de 1892 a fixé ces droits de la façon suivante :

```
Cacaos des pays ⎰ Droit de douanes . . . . . . .  52 fr. ⎱
étrangers.       ⎱ Taxe de consommation. . . .    52  —  ⎰ 104 fr.
```

Les droits sur les cacaos en fèves, qui étaient ainsi maintenus à 104 francs les 100 kilogrammes pour les provenances autres que les colonies françaises, sont plus élevés chez nous que dans les divers autres pays (en 1892).

Allemagne.	43 fr. 75	les 100 kilog.
Angleterre	23 »	—
Belgique	15 »	—
Espagne	88 »	—
Italie.	100 »	
Suisse	1 50	—
Pays-Bas.	} Exempt.	
Etats-Unis	}	

Angleterre. — Les importations de cacao en Angleterre ont subi la progression suivante :

	Quantités.	Valeurs.
1820.	276 321 livres	
1830.	425 382 —	
1840.	2 041 678 —	
1850.	3 080 641 —	
1860.	4 583 124 —	
1891.	31 282 598 —	993 000 £
1892.	30 839 525 —	992 288
1893.	32 982 005 —	1 083 696
1894.	39 115 963 —	1 255 190
1895.	42 769 307 —	1 296 190

Sur le total des importations de 1895, soit 42 769 307 livres, l'Angleterre a reçu de ses propres colonies 19 901 020 livres de cacao en fèves.

Afrique occidentale anglaise	107 853 livres.
Bombay	41 674 —
Ceylan	2 581 708 —

Autres possessions des Indes anglaises.   4 423 livres.
Indes occidentales anglaises . . . . . . 16 909 456 —
Guyane anglaise. . . . . 255 906 —

La consommation de cacao en Angleterre s'étant élevée à 24 484 502 livres pour 1895, on voit que l'Angleterre a reçu de ses colonies près des 4/5 du cacao consommé.

Si la consommation du cacao n'a pas pris en Angleterre le rapide accroissement que nous avons constaté en France, il faut surtout en faire remonter la cause aux droits exorbitants que cette denrée subissait à l'entrée en Angleterre. Ainsi, en 1831, les cacaos de Grenade et de la Trinité valaient à Londres 24 à 65 shillings (30 à 80 francs) les 100 livres. Or ils acquittaient un droit de 56 shillings (70 francs), soit 100 p. 100 pour les qualités supérieures et jusqu'à 230 p. 100 sur les qualités inférieures. Le droit sur les cacaos étrangers fixé à 7 £ (175 francs) les 100 livres équivalait à une véritable prohibition. Il en est résulté que la consommation du cacao n'a progressé que très lentement en Angleterre. Si les droits imposés à l'entrée de cette denrée coloniale ont eu pour objet d'en empêcher l'entrée, il faut reconnaître qu'ils ont produit leur effet; mais si on les a établis pour fournir un revenu à la métropole, on a complètement manqué le but.

Depuis le 4 juin 1853, les droits d'entrée sur les cacaos en fèves sont fixés à 1 d. par livre et 2 d. sur les cacaos préparés et les chocolats.

En 1895, le port de Londres a reçu 35 301 560 livres de cacao et celui de Liverpool 5 693 122 livres. Les deux autres millions de livres se sont réportis entre les autres ports, surtout Bristol et Southampton.

Allemagne. — La consommation du cacao tend à s'implanter en Allemagne, comme le montre le tableau suivant :

Importations de cacao.

1886	3 687 tonnes.
1887	4 295 —
1888	4 980 —
1889	5 565 —
1890	6 247 —
1891	7 087 —
1892	7 461 —
1893	7 961 —
1894	8 320 —
1895	9 951 —

L'Equateur a fourni près de 4 millions de tonnes sur les importations de cette dernière année. Le port de Hambourg tient la première place pour les importations.

Espagne. — Les importations sont à peu près stationnaires ; elles atteignaient en 1886 une valeur de 14 023 000 francs et, en 1895, 14 250 000 francs.

Etats-Unis. — Les importations de cacao, qui atteignaient en 1881 une valeur de 1 494 000 dollars ont dépassé 4 000 000 de dollars en 1893 pour retomber à 3 192 000 en 1895. De 1881 à 1891, les importations ont plus que doublé.

XVII

CULTURE DU CACAOYER
DANS LES PAYS PRODUCTEURS

Mexique.— Le Mexique est le berceau de la culture du cacao; cependant ce pays importe actuellement cette marchandise dont il ne produit pas une suffisante quantité. On rencontre encore des cultures dans la province de Tabasco. Mais dans celles de Mechoacan, Oaxaca et Vera-Cruz la découverte des mines d'argent a détourné les indigènes du travail de la terre. Dans la province d'Oaxaca la multiplication de la cochenille a remplacé la culture du cacaoyer.

Le cacao de Soconusco (État de Chapias) est connu comme le meilleur.

La culture du cacaoyer n'a jamais donné de bons résultats que dans la partie sud du Mexique.

Guatemala. — Le Guatemala est situé au sud du Mexique. Pas de mois sans pluie. La culture du cacaoyer y réussit bien.

Honduras. — Le cacao est cultivé; mais les expéditions doivent être peu considérables, car il ne nous a pas été possible d'en trouver une trace.

Température moyenne 26°,3 à Belize.
Chute de pluies annuelle (1888-1895) : 2 007 mm (moyenne).

Pas de mois sans pluie.

Mois les plus secs :
Février . . 66 mm
Mars . . . 40 —
Avril . . . 38 —

Mois les plus humides :
Septembre . 240 —
Octobre . . 279 —
Novembre . 258 —

Les conditions climatériques paraissent donc très favorables.

Nicaragua. — Le cacaoyer est cultivé depuis fort longtemps au Nicaragua, mais la production paraît être absorbée par la consommation locale.

Costa-Rica. — Les exportations de cacao de Costa-Rica se font surtout pour la Colombie. La valeur des exportations de cacao a subi les fluctuations suivantes depuis 1890 :

1890. . . . . . . 57 000 piastres.
1891. . . . . . . 2 373 —
1892. . . . . . . 20 018
1893. . . . . . . 1 930 —

Colombie. — Le cacao est surtout cultivé dans le bassin supérieur de la rivière Magdalena, dans les provinces de Tolima et de Cauca. Au bord de la mer la saison sèche est trop prononcée pour permettre cette culture. Ainsi les chutes de pluies des mois de décembre 1891 et janvier, février, mars, avril 1892 furent respectivement de 6, 0, 0, 12 et 6 millimètres à l'altitude de Carthagène. Mais cette culture réussit très bien dans la région montagneuse où les pluies sont plus fréquentes. On nous a signalé en particulier l'existence d'un cacaoyer spécial dans la Sierra Nevada de Santa-Martha. Ce cacaoyer fournirait des cabosses à enveloppe mince remplies de graines très serrées dans une pulpe exceptionnellement réduite. Quoi qu'il en soit, d'après les derniers rapports des consuls anglais, le nombre des cacaoyers serait considérable, car l'usage du cacao est très répandu parmi les indigènes ; mais le rendement s'abaisse progressivement. Les arbres sont attaqués par des maladies et pour un grand nombre de plantations le rendement ne dépasse pas une demi-livre par arbre alors qu'il atteint facilement une livre et demie dans certaines régions, surtout dans la Sierra Nevada de Santa-Martha. Les principaux ports expéditeurs sont Carthagène et Barranquilla.

La France a reçu de Colombie :

1893	2 384 572 kilog.
1894	1 712 274 —
1895	3 431 865 —

Les importations en Angleterre ont été pour les dernières années :

1891	66 854 livres.
1892	318 007 —
1893	34 500 —
1894	452 555 —
1895	687 985 —

CARTE DE L'AMÉRIQUE CENTRALE.

Gravé par A. Simon, 12, rue Nicole - Paris.

Venezuela. — C'est du Venezuela que nous viennent les cacaos les plus estimés qu'on désigne sous le nom de caraques. Les principales plantations se trouvent sur le versant nord des collines qui font face à la mer ou dans l'intérieur des terres. Ces dernières plantations situées dans des vallées où elles trouvent l'abri qui leur est nécessaire, la chaleur et une égalité exceptionnelle de température sont celles qui fournissent le plus de cacao et en même temps le produit le plus estimé. Les plantations de la côte, plus exposées à la violence des vents, fournissent un cacao moins apprécié. Les deux sortes cultivées sont le *Créole* et le *Trinitaire* ou *Sambito;* celui-ci est inférieur au premier.

D'après le rapport du consul anglais, les expéditions de Maracaïbo se seraient élevées à 294 balles de 55 kilogrammes pour l'année 1895. Celles de La Guaira pour la même année 1895 se décomposeraient de la façon suivante :

Pour l'Angleterre . . .	114 600 kilog.	
— Allemagne	156 500	—
— France	1 957 400	—
Espagne	446 100	
— Italie	6 400	
— États-Unis. . . .	76 700	—
— Autres pays . . .	335 700	—
Total	3 043 400 kilog. : valeur : 185 604 £.	

Les expéditions de Puerto-Cabello s'élèveraient pour 1895 à 308 287 kilogrammes. Malheureusement les quantités indiquées par les statistiques alle mandes et anglaises ne concordent pas et on ne peut accorder à ces renseignements qu'une confiance limitée.

D'après le professeur Marcano, de Caracas, les exportations de cacao du Venezuela auraient suivi la progression indiquée par le tableau suivant :

```
1830 . . . . . . . . .   3 300 000 kilog.
1835 . . . . . . . . .   2 400 000   —
1840 . . . . . . . . .   3 500 000
1845 . . . . . . . . .   4 200 000   —
1850 . . . . . . . . .   4 000 000   —
1855 . . . . . . . . .   3 900 000   —
1860 . . . . . . . . .   3 000 000   —
1865 . . . . . . . . .   2 000 000
1870 . . . . . . . . .   3 000 000   —
1875 . . . . . . . . .   4 900 000   —
1880 . . . . . . . . .   5 300 000   —
1882 . . . . . . . . .   6 500 000   —
1885 . . . . . . . . .   5 100 000   —
1888 . . . . . . . . .   7 400 000   —
```

Les expéditions du Venezuela pour l'Angleterre ont subi ces dernières années des fluctuations importantes :

```
1891 . . . . . . . .   693 801 livres.
1892 . . . . . . . .   168 358   —
1893 . . . . . . . .    20 837   —
1894 . . . . . . . .    31 582   —
1895 . . . . . . . .    60 817   —
```

D'ailleurs, d'après les statistiques allemandes, les expéditions de Caracas se font surtout à destination des ports français.

Destination.	1895	1894
Hambourg.	3 661 sacs (55 kil.)	2 577 sacs.
Le Havre	35 281 —	26 901 —
Saint-Nazaire . . .	9 430 —	7 137 —
Bordeaux	11 791 —	11 394 —
Santander	6 543 —	4 910 —
Londres.	545 —	279
New-York	2 474 —	927 —
	73 042 sacs	59 456 sacs.

Equateur. — Depuis une dizaine d'années on a vu doubler l'importance et le nombre des plantations de café et de cacao. Le climat chaud et humide qu'on rencontre à l'Équateur, surtout dans les régions basses, convient merveilleusement à la culture du cacaoyer. D'après le rapport fourni par le consul français, les exportations de 1893 se sont élevées à 434 539 quintaux de 46 kilogrammes, dont 402 820 quintaux pour le port de Guayaquil, soit 19 614 566 kilogrammes. La valeur totale des exportations de cacao du port de Guayaquil pour 1893 s'est élevée à 51 835 077 francs et les droits perçus à la sortie ont fourni une recette de 627 666 francs.

Les exportations se font principalement pour l'Espagne, la France, l'Angleterre, les Etats-Unis et la Hollande. Les importations en France, pour l'année 1895, ont atteint 4 100 094 kilogrammes au commerce général, contre 4 596 233 pour 1894. Les cacaos de Guayaquil trouvent un écoulement facile sur le marché d'Amsterdam ; mais les transactions y sont cependant limitées. Les importations de 1895 n'ont pas dépassé 1 000 balles.

En 1895, les cacaos de l'Equateur avaient atteint dans le pays même les prix de 20 à 22 sucres (piastres fortes de 5 francs) les 46 kilogrammes, tandis qu'autrefois les prix ne dépassaient pas 10 à 12 sucres. (Rapport du consul français.)

Brésil. — Le cacaoyer est cultivé avec succès dans toute la partie nord du Brésil et en particulier dans le bassin de l'Amazone. D'un rapport adressé au Ministre des Affaires étrangères par un voyageur chargé d'explorer ces régions, il résulte que la presque totalité du cacao produit dans le bassin de l'Amazone est dirigée sur le marché français. D'après ce rapport, sur une récolte totale de 3 563 000 kilogrammes en 1894, le port de Nantes a reçu 2 337 000 kilogrammes et celui du Havre 1 150 000 kilogrammes de cacao amazonien.

Les conditions climatériques conviennent parfaitement à cette culture dans la région nord du Brésil. Si nous consultons l'*Atlas de Météorologie* du Dr Julius Hann, nous voyons en effet que l'isotherme de 26° traverse le bassin de l'Amazone pour aboutir au nord de Pernambuco. D'autre part, nous trouvons qu'à Para la température moyenne de l'année a été de 27°1 pour l'année 1894 et que les chutes de pluie ont été pour les 12 mois de l'année : 248, 409, 396, 485, 266, 152, 30, 56, 61, 147, 58, 149 : total : 2 457 millimètres. Aussi rencontre-t-on des cultures de cacaoyers jusqu'au sud de Bahia.

Le cacao du Brésil ne ressemble pas à celui de Surinam et de Caracas : au lieu d'être irrégulier, triangulaire ou de forme ovale, il est plat, allongé, plus large à une de ses extrémités qu'à l'autre. Tel est le cas des cacaos de Para et de Maranham (ou Maragnon). On en récolte beaucoup sur les bords de l'Amazone (Rio Madeira), des Tocantins et de leurs nombreux affluents. Dans la province de Matto-Grosso, les bords des rivières sont couverts de cacaoyers. Les cacaos de Ceara et de Pernambuco ne possèdent déjà plus les qualités de ceux qu'on récolte dans l'Amazone.

Les divers ports français ont reçu du Brésil, en 1895, 7 182 868 kilogrammes de cacao contre 5 254 997 kilogrammes en 1894.

Guyane. — Il existe, sur le territoire de la Guyane française, des cacaoyères naturelles dont nous avons déjà eu l'occasion de parler. Sans aucun doute, des plantations importantes pourraient être créées dans cette colonie. Au point de vue de la nature du sol, on trouverait dans les vallées une terre profonde formée d'alluvions particulièrement riches en acide phosphorique ; en certains endroits, on trouve aussi des terres légères, noires et pulvérulentes, d'origine volcanique, très propres à la culture du cacaoyer.

Température { moyenne du mois le plus froid 26°
             {   —   —   chaud 27°

Régime des pluies : { saison sèche : de juillet à novembre.
saisons :   { saison des pluies : de novembre à juin.

De 1871 à 1880 les moyennes de chutes de pluie ont été les suivantes pour les 12 mois de l'année à Cayenne : 401, 254, 389, 382, 437, 344, 157, 72, 33, 34, 133, 327 ; total : 2963 millimètres. Pendant cette période embrassant 10 années, on a noté un seul mois sans pluie (novembre 1878).

La fréquence des pluies présente même parfois à la Guyane un sérieux inconvénient, car des pluies soudaines viennent interrompre les récoltes et souvent les compromettre ; il est donc nécessaire d'organiser spécialement l'opération du séchage.

Les premières plantations furent faites en 1734.

Surface totale des plantations de cacaoyers :

1862	177 hectares
1872	217 —
1882	244 —
1895	245 —

Production annuelle de 1832 à 1836 : 40 000 kilogrammes.

Cette production ne paraît pas avoir augmenté depuis cette époque, car les exportations de cacaos en fèves pour 1892 se montent seulement à 21 625 kilogrammes.

Si les cultures de cacaoyers n'ont pas pris plus d'extension à la Guyane, il faut en attribuer la faute à ce fait que les indigènes ont déserté peu à peu les travaux agricoles pour la recherche de l'or.

Dans la Guyane hollandaise, qui se trouve moins à proximité de ces mines d'or, les cultures se son développées plus rapidement, et, d'après les renseignements que nous avons pu recueillir les exportations de Paramaribo ont suivi la progression suivante :

```
1883. . . . . . . .   1 629 279 kilog.
1884. . . . . . .     1 336 939   —
1885. . . . . . .     1 327 002   —
1886. . . . . . .     1 467 347   —
1887. . . . . . .     1 639 170   —
1888. . . . . . .     1 594 442   —
1889. . . . . . .     2 180 376
1890. . . . . . .     2 179 066   —
1891. . . . . . .     2 324 968   —
1892. . . . . . .     1 729 932
1893. . . . . . .     3 508 285   —
1894. . . . . . .     3 249 121   —
1895. . . . . . .     4 456 338   —
```

Les arrivages à Amsterdam de cacao de cette provenance ont subi, par contre, une baisse notable et les expéditions sont principalement faites à destination des Etats-Unis.

Dans la Guyane anglaise les plantations ont pris aussi un certain développement et pour l'année 1895 l'Angleterre a reçu de sa colonie 255 906 livres de cacao en fèves représentant une valeur de 7 856 £.

Pérou. — L'Europe ne reçoit pas de cacao du Pérou. Il en existe cependant des cultures importantes dans les plaines de Moxos. Les côtes maritimes des environs de Lima en produisent beaucoup pour approvisionner les îles de la mer du Sud, les Indes et le Japon. Les indigènes font subir au cacao une légère immersion dans l'eau salée dans le but de le préserver contre les attaques des insectes.

ANTILLES

Si on ne voulait considérer que la situation géographique des Antilles, elles paraîtraient tout à fait propres à la culture du cacaoyer (1). Mais il faut tenir compte de l'étendue et de la configuration de ces îles, des vents auxquels elles sont exposées et de leur climat humide ou sec. Il en résulte que la culture du cacaoyer n'est avantageuse que dans quelques-unes et en général dans les plus grandes. Les petites îles au contraire sont trop exposées aux vents de mer, aux tempêtes et aux ouragans, aux changements brusques de température pour qu'un arbre aussi délicat que le cacaoyer puisse prospérer au milieu de causes de destruction si variées.

Cuba. — C'est la plus septentrionale des Antilles. Les premières plantations d'une certaine importance datent de 1830. On n'y a pendant longtemps récolté que du cacao de médiocre qualité consommé par les nègres : les autres consommaient des cacaos de la Côte-Ferme frappés à leur entrée de droits énormes. Des planteurs des environs de Santiago ayant fait venir des graines de Caraque et de Mara-

1. L'isotherme de 26° passe au sud de la Floride, par le nord de l'île de Cuba.

caïbo obtinrent d'excellents résultats dont la conséquence fut l'extension rapide des cultures. Actuellement l'île pourvoit elle-même à sa consommation en même temps qu'elle exporte des quantités de plus en plus grandes de cacao. Les semences les plus employées sont celles des variétés dites « Caraque », « Guayaquil » et « Créole ». En 1894, les exportations ont atteint le chiffre de 1 358 273 kilogrammes pour le port de Santiago contre 922 448 kilogrammes pour 1893 et 1 079 634 kilogrammes pour 1893. L'Espagne en reçoit la presque totalité (11 987 sacs sur 12 184 en 1894). Le rendement moyen est de 250 quintaux par cavalerie (13 hectares 42 ares).

Haïti. — Le premier cacaoyer fut planté en 1665 par un colon du nom de Dageron. En 1716, un ouragan détruisit la plupart des plantations, qui furent d'ailleurs bientôt reconstituées et à la fin du siècle dernier la France recevait de ce pays jusqu'à 600 000 kilogrammes de cacao par an.

Les anciens esclaves devenus maîtres de l'île négligèrent les plantations. Actuellement cependant Haïti suffit non seulement à sa consommation, mais les exportations tendent à prendre une importance croissante :

	Exportations.
1891	414 310 livres.
1892	420 000 —
1893	429 960
1894	576 700 —

Les cacaos de cette provenance sont d'ailleurs mal conditionnés et n'atteignent que les plus bas prix sur les marchés européens, 78 à 92 francs les 100 kilogrammes au Havre en 1895.

D'après le rapport du consul anglais, les exportations réunies de Santo-Domingo et Puerto-Plata se seraient élevées à plus de 350 tonnes pour 1892.

Jamaïque. — Les cultures ne paraissent produire que pour la consommation de l'île.

Trinité ou ***Trinidad.*** — La culture du cacao y est très prospère. Le produit possède à peu près les apparences, mais non les qualités du cacao de Caracas. Les prix atteignaient, en 1895, 128 à 132 francs les 100 kilogrammes, mais ils avaient dépassé 150 francs l'année précédente. Le « Criollo » est une des meilleures sortes de Trinidad. En 1894, les cultures de café et de cacao occupaient une superficie totale de plus de 95 000 acres.

Les exportations de cacao de ces dernières années sont :

1891	6 850 tonnes.
1892	12 800 —
1893	7 590 —
1894	8 682 —
1895	11 937 —

Guadeloupe. — Les premières plantations importantes de cacaoyers ne datent guère que d'une quarantaine d'années et les exportations ont suivi la progression suivante :

		Exportation.
1854	. . . .	16 000 kilos.
1864	. . . .	69 000 —
1874	. . . .	85 000 —
1876	. . . .	124 000 —
1877	. . . .	125 000 —
1878	. . . .	233 000 —
1879	. . . .	155 000 —
1884	. . . .	192 000 —
1894	. . . .	299 000 —
1895	. . . .	346 000 —

Il ne semble pas d'ailleurs que la superficie à cultiver en cacaoyers puisse être jamais très considérable, car certains essais de culture effectués en quelques parties de la colonie n'ont pas donné de bons résultats. On néglige trop souvent, avant d'entreprendre une culture, de rechercher la nature du sous-sol et de faire effectuer des analyses de terre. Ces analyses fourniraient à l'agriculteur un ensemble de renseignements préalables qui lui permettraient souvent d'éviter des tentatives aussi ruineuses qu'inutiles.

Le climat de notre colonie paraît d'ailleurs favorable à cette culture. A la Pointe-à-Pitre, par exemple, de 1874 à 1880, les moyennes mensuelles des chutes de pluie pour les différents mois de l'année ont été respectivement de 114, 78, 135, 155, 149, 134, 183, 222, 148, 195, 178, 85 millimètres, et encore avons-nous choisi une localité relativement sèche.

La température, au moins dans les parties basses,

7

atteint une moyenne annuelle de 27°; mais dans les parties élevées, comme le Camp-Jacob, qui est à 533 mètres d'altitude, les variations sont assez considérables et la moyenne ne serait pas suffisante.

Dans une de ses dernières séances le conseil général de la Guadeloupe a demandé une prime de 400 francs par hectare pour les cultures de cacaoyers (1896).

Martinique. — La première plantation de cacaoyers à la Martinique date de plus de deux siècles. Elle fut faite, pense-t-on, en 1661, par un juif nommé Benjamin Da Costa qui s'était procuré des graines à la Côte-Ferme. D'ailleurs on lit dans plusieurs auteurs que le cacaoyer a été trouvé à l'état sauvage dans les forêts de la Martinique.

Cette culture prit rapidement de l'extension, surtout parmi les colons qui n'avaient pas le moyen d'entreprendre la culture de la canne à sucre. Malheureusement, en 1727, les plantations furent en grande partie détruites par un ouragan suivi d'inondation. Le caféier, introduit par Déclieu quatre années auparavant, prit dès ce moment une grande place dans la culture de l'île; mais cependant le cacaoyer ne fut pas délaissé, grâce surtout à l'édit royal qui réduisit à 10 centimes par livre le droit d'entrée sur les cacaos provenant des colonies françaises. En 1775, la Martinique et Saint-Domingue fournissaient la presque totalité du cacao consommé en France et

on comptait à la Martinique seulement plus de
1 400 000 pieds de cacaoyers. Puis dès ce moment
cette culture se mit à décliner peu à peu. Elle tend
actuellement à reprendre un nouvel essor.

Exportations de 1891 . . . . . . 490 361 kilog.
— 	1895 . . . . . . 686 023 —

Les conditions climatériques y sont très favorables
à la culture du cacaoyer. Pour l'année 1892, les
moyennes de température ont été les suivantes à
Fort-de-France (altitude 4 mètres) :

6 heures matin . . . . 23°,9
Midi . . . . 28°,1
4 heures soir . . . . 28°,1

Les chutes de pluie de la même année ont été respectivement les suivantes pour les douze mois de
l'année : 108, 127, 116, 107, 326, 424, 227, 173, 274,
286, 173, 309; total 2 444 millimètres. Il n'existe donc
pas de période de sécheresse prolongée.

COTE OCCIDENTALE D'AFRIQUE

Le cacaoyer paraît pouvoir trouver sur la côte
occidentale d'Afrique, de Conakry au Congo, la température élevée qui lui convient. Malheureusement
en beaucoup de points, surtout dans les régions
basses du littoral, l'année est coupée par une saison

sèche trop prononcée pendant laquelle la pluie manque parfois complètement pendant une durée de deux mois. Mais la présence, à proximité de la mer, de montagnes assez élevées et couvertes de forêts provoque dans ces régions accidentées les précipitations atmosphériques et la saison sèche y perd de sa rigueur. Malheureusement des observations précises n'ont pas été recueillies jusqu'à ce jour pour établir avec certitude des comparaisons. Au Congo français, par exemple, nous avons vu de belles plantations à 80 kilomètres de la côte dans la région où la chaîne côtière est traversée par la rivière Kouilou. Nous reviendrons d'ailleurs plus loin sur les conditions climatériques du Congo.

San-Thomé. — Le cacaoyer est cultivé depuis 1822 à l'île de San-Thomé qui est une colonie portugaise située à 260 kilomètres environ de la côte du Congo. Cette île, qui présente des sommets élevés dépassant 2 000 mètres, est coupée de profondes vallées où le cacaoyer trouve la chaleur et l'abri qui lui sont nécessaires.

Les cultures de cacaoyers peuvent y être entreprises jusqu'à 800 mètres d'altitude seulement tandis que celles de café s'élèvent à 1 050 mètres. C'est dans les vallées, à une altitude moyenne, que le cacaoyer vient le mieux à San-Thomé, car la saison sèche est moins rigoureuse à une certaine altitude qu'au bord de la mer, comme le montre le tableau suivant indiquant les chutes de pluie des douze mois de l'année à deux altitudes différentes :

SAN-THOMÉ, alt. 5 m.

99, 108, 153, 149, 111, 22, 0,550, 0,8, 23, 124, 160 mm.
Total 1 004^{mm},8.

MONTE-CAFÉ, alt. 690 m.

104, 20, 377, 405, 481, 69, 80, 94, 223, 481, 312, 138 mm.
Total 2 784^{mm}.

La température moyenne de cinq années consécutives pour l'altitude de 5 mètres a été de 25°,2. Au contraire, la température moyenne de l'année 1885, pour le sommet du Monte-Café, est descendue à 22°.

Le terrain de San-Thomé est principalement argileux, ce qui est loin d'être un mal dans un pays aussi accidenté où les sols légers seraient exposés aux ravinements. Très boisé au début, on a eu soin de laisser de place en place quelques grands arbres mêlés à des palmiers à huile. Des bananiers et des cacaoyers, ces derniers disposés irrégulièrement, forment le sous-bois. De grandes allées ou plutôt des routes fort bien entretenues sillonnent la plantation en tous sens et permettent un contrôle facile du travail en même temps que le charroi rapide des produits.

Les exportations de café et de cacao ont pris une extension énorme dans ces vingt-cinq dernières années.

Exportation.	1869	1895
Café.	2 081 714 kilog.	2 960 654 kilog.
Cacao	50 867 —	5 670 000 —

Niger. — De grandes plantations ont été entreprises par le jardin botanique d'Old Calabar.

Cameroun, Togo. — Les colons allemands ont entrepris la culture du cacaoyer et les exportations à destination d'Allemagne ont atteint 227 quintaux en 1894 et 1162 quintaux en 1895. Mais ces colonies exportent leurs produits dans d'autres pays que la Métropole et on peut estimer à 1350 quintaux les exportations de cacao du Cameroun pour l'année 1894.

Congo français. — Le Congo français est parcouru parallèlement à la mer, et à une distance variable de la côte, par une chaine montagneuse où les précipitations atmosphériques sont plus abondantes qu'à la côte et où la culture du cacaoyer pourrait en beaucoup de points donner de bons résultats. A Lambaréné, par exemple, qui ne se trouve cependant qu'à une altitude de 40 mètres, les chutes de pluie des mois les plus secs sont plus abondantes qu'à Libreville ou à Loango.

MOIS	CHUTES DE PLUIE		
	LIBREVILLE	LOANGO	LAMBARÉNÉ
	mm.	mm.	mm.
Mai.	167,6	98,2	109,9
Juin	2	0,0	15,5
Juillet	0,0	0,0	2
Août.	»	0,0	4,1
Septembre	»	2	49,3

On voit par ce tableau que Lambaréné, situé à proximité de la chaîne, est plus favorisé que les deux autres stations situées sur la côte. Dans la chaîne elle-même, la situation serait encore plus favorable à la culture du cacaoyer. Nous pensons donc que dans une région limitée, la culture du cacaoyer est possible au Congo comme elle serait possible au Dahomey, surtout si on a soin de choisir le terrain de façon à se ménager la possibilité de faire des irrigations.

D'ailleurs, il existe déjà actuellement des plantations assez importantes au Cayo (sud du Congo), sur le Kouilou, dans la région de l'Ogoué et sur le Gabon ; on peut estimer à 100 000 le nombre des cacaoyers pouvant produire actuellement (fin 1896).

Congo belge. — Il existe quelques plantations de cacao ; mais M. Laurent, professeur à l'institut agricole de Gembloux, qui a fait un voyage d'études au Congo, ne pense pas qu'on puisse en espérer de bons résultats.

EST DE L'AFRIQUE ET MER DES INDES

Jusqu'à ce jour, les plantations paraissent manquer sur la côte est d'Afrique ; mais on en trouve à Madagascar, aux Seychelles, à la Réunion et à Maurice.

Madagascar. — En 1882-1883, il existait sur la côte est 5 à 6 000 cacaoyers disséminés dans de nombreuses plantations. Pendant la guerre, privés de soins, ils résistèrent cependant. On s'empressa de mettre à profit cette constatation et, en 1888, il existait près de 150 000 pieds disséminés sur la côte orientale. La saison sèche, sur cette côte, n'est en réalité qu'une saison moins pluvieuse que l'autre; la moyenne de température paraît suffisante aussi pour le cacaoyer. En résumé, on peut conseiller cette culture sur la côte est, surtout vers le nord de l'île.

Seychelles. — Le cacao des Seychelles est déjà connu sur le marché. Il appartient aux sortes communes.

Réunion. — La culture a été prospère à une certaine époque, mais elle a été détrônée par celle de la canne à sucre et du café.

ASIE

Au point de vue de la température, on peut dire que la culture du cacaoyer pourrait prospérer dans l'Inde, au sud de la Cochinchine et dans la presqu'île de Malacca où la température moyenne de l'année dépasse ou atteint 26°. Mais le régime des pluies ne se montre pas favorable ailleurs que sur la côte ouest des Indes anglaises (côte de Malabar), à Ceylan, et dans la presqu'île de Malacca.

Nos territoires de l'Inde ne présentent qu'une surface disponible très restreinte et d'ailleurs les chutes de pluie ne paraissent pas assez abondantes pour permettre la culture du cacaoyer. Le régime des pluies ne paraît pas non plus favorable à cette culture dans le sud de l'Indo-Chine.

Ceylan. — La culture du cacao donne de bons résultats dans l'île de Ceylan. En 1894, la superficie cultivée était de 24 274 acres.

Les exportations de cacao ont suivi la progression suivante :

1885	7 466 cwts	(50 kg. 800)
1886	13 056	—
1887	17 460	—
1891	20 615	—
1892	19 176	
1893	29 776	—
1894	22 792	
1895	27 420	—

Les exportations de l'année 1895 ont été faites pour les destinations suivantes :

Angleterre	23 095 cwts.
Amérique	1 431 —
Belgique	954 —
Allemagne	784
France	473 —

Java. — Cette colonie hollandaise a vu la culture du cacao s'étendre rapidement. Le sol y est généralement fertile, et les conditions climatériques sont favo-

rables à cette culture. Des observations météorolo-
giques faites dans une station de West-Java, en 1890,
ont donné une moyenne de température de 26°. En
outre, les chutes de pluies se produisent à toutes
les saisons, comme le montre le relevé suivant, établi
pour 1889 et 1890 à la même station :

1889

386, 442, 209, 156, 120, 227, 65, 73, 115, 44, 135, 170 mm.
Total 2242 mm.

1890

320, 227, 181, 144, 61, 113, 33, 127, 54, 93, 217, 303 mm.
Total 1873 mm.

Le nombre des plantations de cacao était de 144
en 1895, surtout dans la province de Samarang.

Les exportations pour Amsterdam ont été les suivantes :

1892	6860 balles de 50 kilos.
1893	8630	—
1894	12 500	—
1895	15 000	—

OCÉANIE

La moyenne thermométrique annuelle de Nouméa,
qui a été de 23°,7 pour un ensemble d'un certain
nombre d'années, ne permet pas la culture du cacaoyer. De 1871 à 1880, les moyennes annuelles de
chutes de pluies n'ont guère dépassé 1 350 millimètres
à Nouméa, ce qui paraît insuffisant.

En résumé, nous pensons que sous la réserve de choisir un sol convenable et une exposition appropriée, le cacaoyer peut être cultivé avec succès dans les colonies suivantes : Guyane, Guadeloupe, Martinique, Dahomey, Congo, Madagascar (nord) et dépendances.

XVIII

COMPOSITION CHIMIQUE

D'après Trojanowskys on peut reconnaître chimiquement les principales sortes de cacaos en suivant la marche suivante :

Réduire en poudre 2 grammes de cotylédons; y ajouter 2 grammes de sucre en poudre et additionner de 30 centimètres cubes d'eau distillée : filtrer après vingt-quatre heures.

À une partie de la solution on ajoute quelques gouttes d'acide sulfurique.

I. — Les premières gouttes d'acide ne produisent aucun changement de coloration.

1. Dans une nouvelle partie de la solution on verse une solution d'azotate de cuivre.

a. La solution prend une couleur plus bleue et se trouble : par ébullition elle devient verte avec séparation de petits flocons bleus : *Caracas.*

b. La solution se colore en vert avec précipité bleu; par ébullition les petits flocons deviennent plus bruns : *Puerto-Cabello, Surinam.*

2. On additionne d'acide nitrique.

    a. Aucune réaction : *Surinam*.

    b. La solution devient jaunâtre : *Puerto-Cabello*.

II. — Par addition des premières gouttes d'acide sulfurique la solution devient d'un rouge frambroise vif; par addition d'une nouvelle quantité d'acide elle devient d'un brun trouble et enfin brun noir :

1. On ajoute du nitrate d'argent :

    a. Précipité blanc : *Para, Guayaquil, Trinidad, Ariba, Port-au-Prince*.

    b. Précipité gris violet; la solution est :
        α. Incolore : *Domingo;*
        β. Rougeâtre : *Bahia;*
        λ. Flocons d'un bleu violet dans une solution rose : *Martinique*.

2. — A une nouvelle portion du liquide on ajoute de l'acétate de plomb :

    a. Petits flocons bruns; solution rougeâtre : *Para*.

    b. Flocons blancs : *Trinidad, Guayaquil, Ariba, Port-au-Prince*.

3. On ajoute du chlorure de zinc; précipité rose avec une solution colorée par :

    a. Flocons plus clairs : *Guayaquil;*

    b. Flocons violet clair : *Trinidad;*

    c. Flocons rouge feu : *Port-au-Prince*.

4. On ajoute à une nouvelle portion du liquide de l'azotate de mercure : précipité rose floconneux : *Ariba*.

Le cacao contient principalement une matière grasse le *beurre de cacao*, qui représente en général un peu plus de la moitié du poids de l'amande crue décortiquée ; c'est la principale substance nutritive du cacao. Les cacaos qui en contiennent la plus forte proportion, sont souvent ceux qui possèdent le moins d'arome. Dans les graines crues et décortiquées Zipperer en a trouvé de 48,26 à 51,68 p. 100, suivant les provenances ; dans les graines torréfiées, de 42,07 à 52,09 p. 100.

Le beurre de cacao est un corps onctueux au toucher, opaque, jaune brillant, à cassure cireuse. Sa saveur est douce et agréable ; il rancit difficilement au contact de l'air.

Le point de fusion du beurre de cacao est variable suivant les provenances :

	Graines	
	Crues	Torréfiées
Machala	34,5° C.	34,0° C.
Caracas	33,5°	33,0°
Ariba	33,75°	31,5°
Port-au-Prince	34,25°	33,8°
Puerto-Cabello	33,5°	33,0°
Surinam	34,2°	34,0°
Trinidad	34,0°	34,0°

Ces différences tiennent à ce fait que le beurre de cacao, comme la plupart des autres matières grasses, se compose de plusieurs graisses en proportions variables suivant les cacaos étudiés.

Le rouge de cacao paraît être constitué par un glucoside et l'acide tannique ; il subit par la torréfaction certaines transformations peu connues et communique au cacao sa coloration particulière de même que son arome.

Enfin le cacao contient encore des matières azotées, de l'amidon, de la cellulose et des substances minérales. Au premier rang des matières azotées il convient de placer la *théobromine* que Strecker a pu transformer en caféine. En traitant la théobromine par une solution ammoniacale de nitrate d'argent ce chimiste a obtenu un précipité cristallin qu'il a soumis ensuite à l'action de l'iodure de méthyle ; cette dernière réaction a donné naissance à de l'iodure d'argent et à de la caféine. D'autre part, la caféine traitée par les agents d'oxydation fournit deux corps du groupe urique, la tétraméthylalloxantine et l'acide diméthylparabanique. La caféine et la théobromine se trouvent donc ainsi rapprochées du groupe urique. La théobromine est un diurétique très puissant.

Le tanin se trouve en assez grande quantité dans le cacao des Antilles, de Cayenne, de Bahia, de Maragnon tandis qu'il se montre à peine dans ceux de Soconusco, de Caracas et de Maracaïbo.

D'après Hewett, la composition moyenne des cacaos serait la suivante :

Eau	5	
Cellulose	4	9
Théobromine	2	
Autres substances azotées	20	22
Beurre de cacao	50	
Gomme	6	63
Amidon	7	
Substances minérales et colorantes	6	
	—	
	100	

D'après Boname, la composition centésimale des cendres serait la suivante :

COMPOSITION CENTÉSIMALE DES CENDRES

	AMANDES	CABOSSES
Acide phosphorique.	26,06	3,18
— sulfurique.	4,43	3,53
Chlore.	0,35	0,42
Chaux	3,83	4,74
Magnésie.	12,80	5,79
Potasse.	39,81	54,47
Soude	1,96	4,83
Oxyde de fer	0,50	0,16
Silice.	Traces.	0,46
Acide carbonique, etc	11,16	22,42

D'après Zipperer, sur 100 grammes de graines crues et entières le tégument représente la proportion suivante pour les diverses provenances :

Surinam . . . . 14,60 p. 100
Caracas. . . . . 15,00 —
Trinidad . . . . 14,68 —
Puerto-Cabello . . . . 12,28 —
Machala . . . . 16,14 —
Port-au-Prince. . . . . 16,00 —
Ariba. . . . . 18,68 —
Moyenne : 15,34 p. 100.

	EAU	MATIÈRES grasses.	THÉOBROMINE	Autres matières azotées.	AMIDON	Tanin, sucre, produits de transformation mat. colorante.	CELLULOSE	CENDRES
Tégaments des graines. — Surinam	13,02	4,17	0,33	»	»	5,1	14,85	7,31
Caracas	11,90	4,15	0,30	1,95	»	3,8	17,99	16,73
Trinidad	13,09	4,74	0,40	1,73	»	4,87	18,04	7,78
Puerto-Cabello . .	12,04	4,00	0,32	»	»	9,15	15,98	8,99
Amandes crues décortiqaées sans tégument. — Ariba	8,35	50,39	0,35	19,44	5,78	8,91	2,66	4,12
Guayaquil	6,32	52,68	0,33	12,04	8,39	13,72	2,41	4,11
Caracas	6,50	50,31	0,77	17,23	7,65	10,76	2,61	4,17
Puerto-Cabello . .	8,40	53,01	0,54	13,31	10,65	7,85	2,52	4,32
Surinam	7,07	50,86	0,50	21,45	6,41	8,31	2,68	2,72
Trinidad	6,20	51,57	0,40	15,79	11,07	9,46	2,64	2,87
Port-au-Prince . . .	6,94	53,66	0,32	13,28	8,96	11,39	2,53	2,92

Le même auteur a effectué des analyses des téguments de la graine et des amandes débarrassées de ce tégument (décortiquées). Les principaux résultats de ces analyses sont reproduits dans le tableau précédent.

D'anciennes analyses dues à Payen avaient donné les résultats suivants (sans indication de provenance) :

Beurre de cacao	52
Théobromine	2
Autres substances azotées	20
Amidon	10
Cellulose	2
Matière colorante et essence aromatique	traces
Matière minérale	4
Eau	10

D'autre part, nous transcrivons ci-dessous un tableau dû à C. Heisch (*Journal of the Chemical Society*) et donnant l'analyse des amandes torréfiées.

Nous avons tenu à reproduire les résultats d'analyses effectuées par des chimistes différents, car ces analyses se complètent les unes les autres et leur comparaison offre cet avantage de montrer qu'il n'y a rien d'absolu dans la composition d'un cacao de provenance donnée.

	CARACAS	TRINIDAD	SURINAM	GUAYAQUIL	BAHIA	CUBA	GRENADE	PARA
Téguments.	13,8	15,5	15,5	11,5	9,6	12,0	14,6	8,5
Matières grasses	48,4	49,4	54,4	49,8	50,3	45,3	45,6	54,0
Albumine.	11,14	11,14	11,14	13,04	7,40	8,67	12,4	12,66
Cendres	3,95	2,8	2,35	2,5	2,6	2,9	2,40	3,06
Acide phosphorique des cendres	1,54	0,93	1,23	1,87	1,26	1,13	1,35	1,00
Amidon, gomme et cellulose	32,19	32,82	28,25	30,47	35,30	39,41	35,7	26,33
Eau	4,32	3,84	3,76	4,14	4,40	3,72	3,9	3,96
Azote	1,74	1,76	1,76	2,06	1,17	1,37	1,96	2,00

XIX

PRINCIPALES SORTES COMMERCIALES

Les planteurs importent actuellement, dans les divers pays où le cacaoyer peut prospérer, les variétés qui fournissent le rendement le plus avantageux ; d'un autre côté, la connaissance des meilleurs modes de préparation se transmet facilement d'un pays à un autre grâce aux nombreuses communications qui existent entre des contrées relativement éloignées les unes des autres. Il en résulte qu'il n'est plus aussi facile qu'autrefois de distinguer les cacaos de diverses provenances d'après leurs caractères extérieurs.

Nous nous contenterons de classer les cacaos d'après leur provenance géographique :

Amérique	Continent.	Venezuela (Caraques).	Chuao. Puerto-Cabello. Carupano.
		Equateur (Guayaquil).	Arriba. Balao-Maranjal. Machala. Caraquez.

AMÉRIQUE	Continent.	Brésil.	Para. Bahia.
		Guyane.	
		Guatemala.	
		Colombie.	
	Îles. . .	Trinité ou Trinidad. Guadeloupe. Martinique. Sainte-Lucie. Jamaïque. Haïti.	
AFRIQUE	Occiden- tale.	San-Thomé. Cameroun. Togo, etc.	
	Orientale et Mer des Indes.	Seychelles. Madagascar. Réunion ?	
ASIE.	Ceylan. Java.		

A la fin de l'année 1896 les prix moyens aux entrepôts étaient à peu près les suivants :

Caraques. . . .	130 à 400 francs les 100 kilog., suivant qualité.
Guayaquil . . .	130 à 150 —
Para	140 à 150 —
Bahia	110 à 120 —
Trinidad	120 à 130 —
Guadeloupe. . ⎫ Martinique.. . ⎭	160 à 170 —
Sainte-Lucie . .	110 à 115 —
Jamaïque. . . .	105 à 110 —
Haïti.	90 à 115 —
San-Thomé. . .	105 à 130 —

Les ventes se font généralement par 50 kilogrammes. Les prix indiqués ci-dessus sont en outre majorés de 104 francs par 100 kilogrammes pour droits de douane et taxe de consommation, à l'exception des cacaos des colonies françaises qui acquittent simplement la taxe de consommation fixée à 52 francs par 100 kilogrammes. C'est ce qui explique le prix de vente relativement élevé des cacaos de la Guadeloupe et de la Martinique. Ces cacaos n'étant frappés à l'entrée en France que du droit de 52 francs au lieu de 104 francs, peuvent être payés plus cher au producteur. En réalité, cette majoration de prix est presque tout entière au profit du producteur. L'industriel français qui achète les cacaos de nos colonies de préférence à d'autres ne bénéficie que dans une très faible mesure de la détaxe accordée aux produits de nos colonies.

BIBLIOGRAPHIE (1)

Aubry-Lecomte. — *Culture et production du cacao dans les colonies.* Paris, 1866.

Bourgoin d'Orly. — *Guide pratique de la culture du caféier et du cacaoyer,* etc. Paris, 1867.

Buc'Hoz (P.-J.). — *Dissertation sur le cacao et sa culture.* Paris et Liège, 1787.

Buc'Hoz (P.-J.). — *Dissertation sur l'utilité et les bons et mauvais effets du tabac, du café, du cacao et du thé.* Paris, 1775.

Cerfbeer de Medelsheim. — *Le cacao et le chocolat considérés au point de vue hygiénique, agricole et commercial.* Paris, 1867.

Delcher (E.). — *Recherches historiques et chimiques sur le cacao et ses diverses préparations.* — Histoire, culture, etc. Paris, 1873.

Depons. — *Voyage à la partie orientale de la terre ferme,* 1806.

Forest (H.). — *Du cacao et de ses diverses espèces.* Paris, 1864.

Gallais. — *Monographie du cacao.* Paris, 1827.

---

(1) Nous n'énumérons ici que les ouvrages principaux à consulter : nous omettons à dessein ceux qui traitent spécialement du chocolat.

GUÉRIN. — *Culture du cacaoyer*. Paris, 1896.

HEWETT (Ch.). — *Chocolate and Cocoa*. London, 1862.

HINCHBY HART (F.-L.-S.). — *Cacao (Illustrated)*. Colombo.

HOLM (John). — *Cocoa and its Manufacture*, etc. London, 1874.

Histoire naturelle du cacao et du sucre. Amsterdam, 1820.

MANGIN. — *Le cacao et le chocolat*, etc. Paris, 1860.

MANN (James). — *Cocoa, its cultivation, manufacture and uses; its advantages and value*, etc. London, 1860.

MARCANO. — *Essais d'agronomie tropicale (Ann. sc. agron., 1891, t. I.*

MARTINEZ-RIBON. — *Nuevo metodo para el cultivo del cacao*. Braine-le-Comte, 1880.

MÈNIER. — *Café, succédanés du café, cacao et chocolat, coca et thé maté*. Paris, 1868.

MILHAU. — *Dissertation sur le cacaoyer*. Montpellier, 1746.

MITSCHERLICH. — *Der Cacao und die Chocolade*. Berlin, 1859.

Nouveau voyage aux Isles de l'Amérique. Paris, 1722.

ROSSIGNON. — *Manual del cultivo del café, cacao, vainillo y tabaco en la America espanola*, etc. Paris, 1859.

SPON. — *Encyclopædia of the industrial Arts, Manufactures, and commercial Products*. London, 1879. *Cocoa*, p. 684, 691.

WANKLYN (James-Alfred). — *Tea, Coffee and Cocoa*. London, 1874.

ZIPPERER. — *Untersuch. uber Kakao. Mit Taf*. Hamb., 1887.

TABLE DES MATIERES